VOLUME 22

L'ERRORE DEI GRANDI SCIENZIATI

CHE ESTENDE LA TEORIA DEL BIG BANG

PRIMA EDIZIONE

Carlos L. Partidas

Copyright © 2012 Carlos Partidas
N° Depósito Legal   MI2019000458
ISBN: 978 1672 8188 41

9 781672 818841

REGISTRAZIONE DELLA PROPRIETÀ INTELLETTUALE SAPI: N° 8074
DEL COMPENDIO LA CHIMICA DELLE MALATTIE
REPUBBLICA BOLIVARIANA DI VENEZUELA, 07/05/2010

DEDICATORIO

Alla memoria dei grandi scienziati, che hanno contribuito a liberare l'intricato percorso della scienza, affinché l'umanità possa passare liberamente lungo la via della conoscenza

CONTENUTI

RICONOSCIMENTO

Alla forza energetica degli Almatrino, che ha reso possibile possibile da prima dello zero, la creazione del nostro immenso Universo

1

LA STORIA FINALE DELLA FILOSOFIA

Durante una delle conferenze Zeitgeist di Google nel 2011, Stephen Hawking ha dichiarato che "la filosofia era morta". Hawking ha detto: "I filosofi non hanno tenuto il passo con i progressi della scienza, mentre gli scienziati sono diventati i portatori della fiamma della scoperta. E Hawking ha aggiunto che "i dubbi filosofici possono essere chiariti dalla scienza, e in particolare da nuove teorie scientifiche, che ci mostrano una diversa immagine dell'universo". Ma questo è senza dubbio un grande successo di Stephen Hawking, perché la scienza prende solo come spiegazione certa, a condizione che questa ipotesi possa essere verificata sperimentalmente. Pertanto, l'idea che si intravede sulla base di una certa teoria, passerà attraverso una serie di prove, che saranno soggette a errori e successi. Tuttavia, alcuni scienziati che cercano di elaborare una spiegazione accurata con il supporto di dati sperimentali, si affidano solo a matrici che nascono dalla matematica, e dimenticano di concentrare il loro sguardo sul fenomeno reale. E credono solo nel risultato che i calcoli prevedono. Ma questo è un errore che i grandi scienziati hanno fatto, che anche per il loro prestigio, sono riusciti a far sì che altri pensatori li seguano ciecamente, senza la necessità di stabilire i propri criteri o senza obiezioni. E possiamo dire, come Stephen Hawking, che in realtà la filosofia è morta, perché è la scienza a svelare i grandi misteri della natura. Ma questa disciplina va intesa come utile, perché è stata quella che ha costretto l'essere umano a pensare a come dare una spiegazione alla sua origine, agli enigmi e al principio reale del suo mondo cosmico.

O forse, perché ai vecchi tempi non erano stati sviluppati gli strumenti necessari per realizzare metodi sperimentali, cosicché le spiegazioni dei fenomeni nascevano solo dalla capacità di pensiero, che fece scoppiare la formazione dei pensatori filosofici, così come l'emergere di grandi scienziati. O forse è per questo che ad alcuni di noi è corrisposto di osservare più da vicino la ricostruzione dei fenomeni, sulla base dei dati o degli strumenti che ci vengono dati da strumenti nuovi e moderni, per seguire le tracce indelebili lasciate dall'evoluzione dell'Universo.

Oppure possiamo dire che quando non esistevano ancora metodi sperimentali, le idee dei filosofi agivano con grande slancio, perché erano loro che potevano spiegare, ognuno a modo suo, i grandi misteri dell'origine dell'Universo. Ad esempio, fino al XVII secolo, si riteneva che la tendenza di un corpo a cadere sulla terra fosse una proprietà inerente a tutti i corpi. Pertanto, il fenomeno è stato così chiarito, e quindi non è stata richiesta nessun'altra spiegazione. Fino a quando William Stukeley nel suo libro "Memoir of Sr Isaac Newton's Life", pubblicato nel 1752, descrive di aver incontrato il grande scienziato che beveva il tè in un giardino sotto i meli, e che quando Newton vide cadere una mela, commentava a Stukeley che quello

2

scenario era lo stesso di quando descrisse l'idea di gravitazione. E Stukeley scrisse: "Una mela cadde su di lui quando si riposò meditando"..... Anche se sappiamo che la forza gravitazionale è una proprietà dei corpi che deve essere misurata, ma non può essere prevista da una funzione matematica.

E tra quella serie di confusioni filosofiche, sarebbe che l'enorme numero di chiese nacque, quando alcuni filosofi coincidevano, che nel punto iniziale di tutto questo, ci doveva essere l'azione di un creatore. Ma l'unica cosa che finora è rimasta nascosta dietro ogni esperimento, è stata l'immagine di quel creatore. E questo segreto era anche una grande idea, perché si suppone che non sarà possibile dimostrare qualcosa che in realtà non esiste. Quindi, è l'unica cosa che non ha lasciato traccia delle sue prove, e in questo modo, l'idea dell'esistenza di un creatore può essere tenuta in vita.

Ma nasce anche l'idea di ateismo tra i grandi scienziati, quando osservano che non c'è alcuna prova dell'esistenza di un essere supremo. E quella ricerca si estende anche ai grandi religiosi, quando cercano di dimostrare in qualche modo l'esistenza. Oppure la logica può portare scienziati, ma anche grandi filosofi e religiosi su una zattera in un mare agitato. E ognuno deciderà se preferisce diventare filosofo quando cerca di cercare qualcosa nella realtà che non ottiene. O quando lo riceve, la tempesta raggiungerà finalmente la sua calma e, inevitabilmente, un'idea cancellerà l'altra. Tuttavia, come ha detto Stephen Hawking, uno di loro, la filosofia, è morto, perché non può più indagare le idee sulla zattera con il mare mosso, perché la scienza l'ha calmato con prove sperimentali di ogni fenomeno, e la mente analitica dell'essere umano si dirige ora verso un porto sicuro. Mentre il religioso, rimane fiducioso nelle sue aspettative.

Ma per quanto riguarda gli scienziati e la formazione dell'Universo, forse questa calma è arrivata quando Edwin Powell Hubble ha osservato che le galassie si stanno allontanando dalla Terra. E questo presuppone una realtà, così com'è, che l'Universo è in una fase di crescita, quando anche essendo in piena tempesta, tutti i travetti credevano che l'Universo fosse statico, e che il centro dell'Universo fosse la Terra.

Ma questa nuova idea di Hubble, o la realtà di un Universo in espansione, indicava che ci doveva essere un punto di origine, da cui iniziava a formarsi nell'Universo. E fu proprio questa idea che fu proposta da un reverendo della Chiesa cattolica di origine belga, Georges Henri Joseph Édouard Lemaitre. Perché questo fatto di un Universo in crescita, gli si adattava perfettamente alla ricerca della chiesa; poiché si supponeva, che qualcuno doveva essere dietro quella crescita, per rifornire quel punto e che l'Universo si era formato. Pertanto, alcuni scienziati e cosmologi non religiosi sospettavano che la chiesa si intromettesse in quei fenomeni che potevano essere spiegati solo dalla scienza.

Ma poi, questa idea rimbalzava e allo stesso tempo riempiva in qualche modo la serie di eventi, fino a quando l'idea di Georges Lemaitre, fu accettata dalla maggior parte degli scienziati e dei cosmologi, e tutti concordarono di chiamarla, la teoria del Big Bang. Perché questa teoria si inserisce perfettamente nella spiegazione di come la materia ha avuto origine dall'energia. Ma ancora una volta, che questa teoria si è allontanata dall'idea dei religiosi, che ancora non ottengono il loro creatore per mezzo di questa proposta. Così, ancora una volta, si sollevano idee che molti religiosi non condividono più con scienziati e cosmologi, perché la stessa teoria del Big Bang non prova l'esistenza di un creatore. E sembra che Dio debba apparire sulla scena come un fatto obbligatorio, o che riesca a compiacere l'immenso numero di religioni, nonostante il fatto che la razza umana sia unica, e cioè che navighi sulla stessa zattera. Pertanto, non ci dovrebbero essere battute d'arresto, per vedere chi ha davvero ragione. Perché alla fine, qualunque sia la risposta, la razza umana rimarrà la stessa razza umana, senza la necessità di preferire l'una o l'altra.

Tuttavia, ci sono ancora quei dubbi che la teoria del Big Bang non è stata in grado di chiarire; e gli scienziati commettono errori anche quando cercano di chiarire questi dubbi. Per esempio, se diciamo che il punto aveva un'alta densità di materia, perché filosoficamente si suppone che tutta quella materia fosse concentrata in un unico punto. Ma in più, il Big Bang suppone che l'energia è sorta perché quel punto era estremamente caldo. Quindi il grande dubbio è: da dove proveniva quell'energia da quel punto riscaldato? O come è stato possibile che la materia sia riuscita a integrarsi fino ad una densità elevata in quel punto?

Ma è qui, dove sorgono gli errori dei grandi scienziati, perché sperimentalmente si può dimostrare che quando le particelle si muovono a grande velocità, esse stesse creano massa. E questo fenomeno è ciò che la teoria della relatività di Albert Einstein ha dimostrato sperimentalmente. Ma Albert Einstein si è fermato, perché si è concentrato solo o per guardare al fenomeno della creazione della massa, come in un concetto che sembra essere invece di uno scienziato piuttosto filosofico, perché Einstein si è dedicato ad analizzare questo fenomeno, solo dal punto di vista matematico, e non nella realtà scientifica, che una particella in movimento crea la sua massa.

O, diciamo, Einstein ha visto solo con la sua equazione, il momento in cui quel moto di una particella è inferiore alla velocità con cui la luce si muove. Ma Einstein non ha considerato la massa che si forma quando la particella si muove più velocemente della luce. Forse, perché nel ragionamento di Albert Einstein, l'idea era ancora radicata, che l'Universo era statico, e solo le particelle che si muovevano più velocemente erano quelle della luce, che viaggiavano sotto forma di fasci chiamati fotoni. E così fu per Einstein, perché la matematica indicava a Einstein che se le particelle si muovevano più velocemente della luce, allora la massa creata sarebbe stata immaginaria, il che era uno dei grandi errori di Albert Einstein.

Ma Albert Einstein riesce a far togliere questo errore a Wolfgang Pauli, Georges Lemaitre, Peter Higgs e Stephen Hawking, solo per citare questi quattro, come i più famosi scienziati, perché con le loro idee hanno cambiato il vecchio modo di pensare, o il concetto che l'umanità aveva sull'origine dell'Universo. E il bosone di Peter Higgs, continua ad essere la speranza per i religiosi, che pazientemente, continueranno ad aspettare il loro creatore nella zattera.

Ma è osservando la logica del fenomeno che il mistero può essere risolto, ma non ciecamente con il concetto incarnato solo in matematica. Ed è dall'equazione di Einstein, che abbiamo dedotto un'equazione che spiega in modo più chiaro o più evidente, come l'Universo si è formato dal nulla. Perché tutto ciò che serviva era una particella molto piccola che cominciava a muoversi con una forma di torsione a spirale, e da questa se ne formarono altre che ancora non potevano manifestarsi come energia, perché quello spazio era troppo piccolo. E quelle particelle che ancora esistono, abbiamo dovuto chiamare almatrino, perché hanno la proprietà fisica, se così si può chiamare, di non avere massa di riposo. E con il nuovo concetto di numeri virtuali, possiamo dire che queste particelle sono così piccole che non potranno essere rilevate. Ma questo risponde ad uno dei dubbi che non possono essere spiegati dalla teoria del Big Bang, come l'esistenza del 74% dell'energia non rilevabile dell'Universo, e del 22% della massa che non può essere rilevata. Ed è per questo che si chiamano rispettivamente energia e massa oscura. E questa equazione, è ciò che noi rappresentiamo della forma:

$$U = m_0 C^3 / E$$

Il che è più logico, perché quando l'energia E era molto piccola, la velocità tangenziale U della particella è diventata infinita, e la massa m si è formata dalla massa a riposo m_0. E come è ragionevole, è dai numeri virtuali che possiamo dire, che in questa equazione, m_0 non era zero, ma era qualcosa di troppo piccolo, o meno di zero. Ed è da qui, o in questo preciso momento, che cominciamo a riferirci a quantità o valori che matematicamente possono essere troppo piccoli o impercettibili.

Ad esempio, un quantum di carica elettrica è talmente piccolo che non saremo in grado di rilevarlo per mezzo della disintegrazione dell'elettricità, per quanto meticolosamente questo frazionamento sia fatto. O che ancora non ci rendiamo conto che l'aria che entra attraverso il nostro naso, è formata da molecole, e che possiamo solo percepire, a volte senza obiettare, che questa sostanza è l'aria. Ma supponiamo, per esempio, che in un bulbo di 110 volt e 100 watt, le cariche elementari entrino attraverso il filamento 6×10^{18} al secondo. Quindi è un vero problema immaginare un mondo piccolo come quello degli Almatrino. Ma è con il concetto di numeri virtuali che ora possiamo muoverci in uno spazio così grande, come la gamma che va dal meno infinito al più infinito ($-\infty$, $+\infty$).

In tal modo, che gli scienziati hanno fatto del loro meglio per chiarire i misteri dietro la creazione dell'Universo, ma nonostante i miliardi di anni che sono passati da allora, gli scienziati hanno scoperto che c'è una sequenza logica, o che ciò che rimane è una traccia dopo ogni evento. In modo tale, che ogni evento avvenuto in quell'arco di tempo, lascerà un'immagine come una traccia, che può essere utilizzata per sviluppare un modello matematico, con il quale quella traccia può essere lasciata definitivamente stampata, per poter spiegare, come si è evoluto quell'evento.

E per questa modellazione, l'invenzione della matematica è stata molto utile, perché è il modello matematico, che ci permette di catturare o incidere su carta, o come stampa o sigillo, la forma di come gli eventi avrebbero potuto accadere, in modo da poter poi sederci a contemplare, analizzare o immaginare a posteriori, come quell'evento è accaduto, in modo da poterlo proiettare verso qualsiasi momento; o anche verso un momento che è avanti nel tempo.

Ma con il concetto di tempo, come con la matematica, questo è solo un elemento ausiliario della scienza, perché non si può dire che ci sono la matematica o il tempo. Perché non saremo in grado di pesarli o di afferrarli in modo fisico. Per esempio, non saremo in grado di tenere tra le mani una funzione matematica, né due secondi di tempo per sapere come sono o quanto pesano. Ma la matematica costruisce automaticamente tutte le combinazioni di numeri che possiamo assumere, o quelle che non possiamo immaginare, perché dobbiamo solo scoprire queste combinazioni intricate. E in quella ricerca incessante tra la matematica, possiamo essere presi da scorciatoie, o non saremo in grado di spiegare qualcosa che in realtà non esiste.

E in termini di tempo, ogni evento che è già accaduto non può più accadere nello stesso modo. Quindi sarà impossibile tornare ad una configurazione del passato, perché non si ripeterà o non sarà nella stessa forma. E questo è stato un altro errore che Stephen Hawking ha fatto, quando ha affermato che dovremmo stare attenti quando viaggiamo indietro nel tempo, perché quando incontriamo la nostra origine, potremmo sicuramente morire. Sarebbe come un energico suicidio, che è totalmente illogico o impossibile.

Ma la cosa reale è che avanziamo ad un ritmo da un'origine che possiamo già immaginare, e verso una fine sconosciuta, anche se sappiamo che questa fine è nell'infinito ($+\infty$). Ma noi diciamo sconosciuto, perché non sapremo come accadranno questi eventi. Per esempio, l'umanità sta distruggendo la Terra, ma non è colpa dell'Universo. Anche se ciò che non saremo in grado di prevedere esattamente, è come, o quali saranno le conseguenze, in termini di equilibrio del sistema solare.

E tutto ciò che accade in quella gamma sarà imprevisto, perché saremo in grado di adattarsi solo ad un impulso o ritmo imposto dallo sviluppo o la crescita dell'universo, che sta andando a una bussola che non saremo in grado di fermare. Perché in questo caso si producono solo due forme che possono essere percepite e misurate: una è l'energia e l'altra variabile è la distanza. Poiché nell'evento, l'Universo si allontana in ogni frazione dal suo punto di origine; ma allo stesso tempo, si nutre dell'energia che si crea da solo; e richiede solo che l'Universo sia in costante movimento.

E per quanto riguarda l'essere umano, essi vivono solo con una velocità di riferimento zero rispetto ad un corpo che si muove allo stesso ritmo dell'Universo. Poiché l'essere umano cavalca solo sul corpo della Terra, che si sta dirigendo verso un percorso sconosciuto. Ma sappiamo che è nell'infinito positivo. E stando in piedi o muovendosi a velocità zero rispetto alla Terra, questo ci offre l'opportunità di fare qualcosa in questo momento, e in questo punto dell'Universo, da dove percepiamo che l'Universo è ancora.

Oppure, per esempio, è ciò che permette all'essere umano di misurare un certo intervallo, che egli chiama tempo. E con questo concetto di tempo l'idea di un Universo statico si radica ancora di più, perché si vive con un'illusione in modo ciclico. Oppure l'essere umano vive intrappolato nelle proprie idee create. Vale a dire, racchiuso solo nell'idea di tempo e matematica. E crede, ad esempio, che gli eventi si ripetano. Così possiamo sempre festeggiare il Natale, ma che il Natale non è lo stesso, perché il Natale è avvenuto una sola volta. Oppure è impossibile rivivere lo stesso lunedì, o lo stesso sabato, perché il lunedì e il sabato non esistono, ma stampati in modo ciclico, su un cartone chiamato calendario.

Ma forse, quell'idea è nata, perché la rotazione della Terra ci dà l'illusione che ci sia giorno e notte, quando in realtà quello che stiamo ruotando è fissato nello stesso punto che passa attraverso un altro punto dove c'è solo luce, perché non c'è ombra, e poi da un altro, dove non c'è luce perché c'è solo ombra.

2

L'IDEA GEOCENTRICA

Forse che l'ubicazione fissa di un punto sulla Terra era una deduzione chiave, o che si adatta alla logica dell'immaginazione, perché gli antichi greci pensassero che il Sole ruotava intorno alla Terra. Perché se cercassimo di vedere il fenomeno durante la notte, saremmo certi che la Terra è quella che ruota attorno al Sole, ma è impossibile per noi vedere il Sole quando stiamo attraversando la zona delle tenebre. Ma se potessimo correre nella stessa direzione e con la stessa velocità con cui la Terra ruota intorno al Sole, allora vivremmo eternamente nel punto di illuminazione. O che ad un osservatore in piedi sulla superficie della Terra, un satellite geostazionario, sarebbe percepito come se il satellite fosse situato in un punto fermo nel cielo illuminato. Oppure non vivremmo più a velocità zero rispetto alla Terra, ma ci muoveremmo alla stessa velocità della Terra intorno al Sole. In altre parole, in realtà sembra che siamo come un punto galleggiante sulla superficie della Terra. E questa è una tecnica di spostamento geostazionario, che viene usata proprio nei satelliti, e ci dà la sensazione che i satelliti siano fissati in un punto rispetto al Sole; o in cui il satellite rimane statico o in piedi su quel punto. Quindi, per chi è in sella al satellite, non ci sarà giorno e notte. Ma questo si ottiene facendo muovere il satellite nella stessa direzione e con la stessa velocità della Terra rispetto al Sole. Oppure, se volete, salite e provate a salire su una scala mobile, dove i gradini salgono. E se si cerca di scendere alla stessa velocità con cui si sale il gradino, si noterà che sembra di essere sullo stesso gradino, ma non si sale perché si sta galleggiando. O l'altro esempio, è quando si fa jogging su un nastro trasportatore; e infatti si fa jogging ma senza muoversi dal sito, perché ciò che si muove è il nastro trasportatore.

Ed è in questo modo che si pensava che il Sole ruotasse intorno alla Terra. Un'idea che viene da antichi pensatori greci, o quello che viene chiamato anche geocentrismo, o meglio sincronizzazione geografica. Ma è stata questa confusione che ha portato l'astronomo Claudio Tolomeo nel secondo secolo a formulare una descrizione delle conclusioni dell'astronomia greca, nota come ipotesi tolemaica, o ipotesi geocentrica. Ma è stato l'errore di quel ragionamento che ha tenuto in vita quest'idea per lungo tempo. E a causa di questo errore, si presumeva che la Terra fosse fissata al centro dell'Universo, mentre il Sole, la Luna e le stelle si muovevano intorno alla Terra. E fu un'idea accettata per quasi millecinquecento anni, sufficiente a influenzare non solo il modo di interpretare la scienza, ma anche l'astronomia e la filosofia. Ma alla fine questa teoria si rivelò molto complessa, ma in aggiunta, non poté adattarsi a un numero sempre maggiore di osservazioni di altri pensatori. E questo, senza dubbio, fu uno degli errori che durò più a lungo con la razza umana, e fu commesso dall'astronomo greco Claudio Tolomeo.

Tuttavia, nel XVI secolo, Copernico rovesciò l'idea geocentrica e suggerì che si potesse fare una descrizione più semplice dei movimenti celesti, supponendo che il Sole fosse fissato al centro dell'Universo. E con questa nuova teoria di Copernico, la Terra era solo un pianeta che ruotava intorno al Sole, mentre gli altri pianeti avevano movimenti rotanti simili a quelli della

Terra. E furono queste polemiche tra le due teorie che costrinsero gli astronomi ad approfondire la nuova idea dell'eliocentrismo di Copernico e del geocentrismo di Tolomeo. Sarebbe il caso di Tycho Brahe, che sarebbe stato l'ultimo grande astronomo a portare avanti le sue ricerche sull'eliocentrismo, ma l'errore è che Brahe non ha avuto l'aiuto di un telescopio.

Finché, nel 1609, Galileo Galilei utilizzò un telescopio da lui costruito; e con quel telescopio Galileo scoprì le lune di Giove e le fasi di Venere. Fu quindi Galileo e non Brahe, che divenne il difensore delle idee di Copernico. Fino a circa vent'anni dopo, un assistente di Brahe di nome Johannes Kepler, trovò alcune importanti testimonianze dai dati di Tycho Brahe, sul movimento delle stelle. Questo fece sì che Johannes Keplero stabilisse le sue tre leggi che consideravano il movimento dei pianeti intorno al Sole. Oppure possiamo concludere che fu Copernico a trarre le sue idee dall'errore di Claudio Tolomeo. Ma l'errore di Nicolas Copernico, come quello di Brahe, è che non avevano un telescopio per guardare ed esplorare lo spazio esterno, usando un telescopio per segnare un punto fisso o di riferimento nello spazio.

Ma questo fu anche un altro errore, perché l'idea errata che l'Universo fosse statico era da tempo radicata nella mente degli scienziati. Anche Albert Einstein, che aveva proposto nella legge della relatività, di introdurre una costante cosmologica per spiegare perché l'Universo era statico, commetteva lo stesso errore. Ma Einstein ritrattò questa idea nel 1931, quando Edwin Hubble osservò lo spostamento rosso delle galassie, il che confermò che l'universo non era veramente statico. E nel 1930 Eddington dimostrò che l'Universo statico della relatività con una costante cosmologica non aveva logica.

Quindi questa nuova costante non era giustificata, ma fu proposta da Einstein, per ottenere un risultato che all'epoca si riteneva necessario. E quando furono presentate le prove dell'espansione dell'Universo di Hubble, si dice che Einstein si spinse a dichiarare che l'introduzione di una tale costante era il "peggior errore della sua vita". E fu scritto per la prima volta dal fisico George Gamow in un articolo pubblicato nel settembre 1956 sulla rivista Scientific American che la costante cosmologica di Einstein era un "errore". Ma questa pubblicazione avvenne un anno dopo la morte di Einstein, che lasciò la Terra, e non sappiamo dove, nell'aprile 1955.

Ma, come i greci, faceva tutto parte di una filosofia, fino a quando non apparve il metodo sperimentale proposto da Francis Bacon. Vale a dire, fu la filosofia che uscì di scena, quando Galileo Galilei apparve con il suo famoso telescopio. E forse è per questo che Albert Einstein qualificò Galileo come il padre della fisica sperimentale, perché, potendo vedere verso un punto esterno dalla Terra, Galileo riuscì a dimostrare sperimentalmente che la Terra ruota intorno al Sole. E poi William Herschel sarebbe emerso con un telescopio più potente di quello di Galileo. Così, con questo telescopio, Herschel fu in grado di vedere ed esplorare un mondo più lontano di quanto avessimo immaginato in precedenza. O anche Herschel sosteneva che il Sole è in realtà un immenso pianeta su cui esiste la vita, perché poteva vedere tra le tempeste solari che si aprivano come tende. Ma forse è lì che Albert Einstein vive con il suo corpo energetico.

Ma tra il mondo della filosofia e della scienza, è che ci siamo mossi con teorie ed esperimenti, per spiegare i misteri dell'Universo. Misteri che, una volta scoperti, si rivelano comprensibili oltre che semplici. Ma forse, forse, questa complessità si presenta, quando cerchiamo di catturare il fenomeno o il mistero detto per mezzo di un modello matematico. Perché è la stessa cosa dei linguaggi, perché attraverso questi non troviamo ancora come esprimere esattamente i nostri sentimenti, e dovremo usare il gesto per esprimere ciò che sentiamo veramente. Ma non saremo in grado di scrivere il gesto, di dare o esprimere un contenuto emotivo alle parole scritte nella nostra lingua.

E così come per la scienza, il linguaggio matematico è ancora pieno di imperfezioni, il che non ci permette di spiegare un gran numero di fenomeni, se ci basassimo solo sul linguaggio matematico, senza fare un gesto verso il fenomeno. Ma sostenuto dal linguaggio imperfetto della matematica, è ciò che ha fatto sì che i grandi scienziati siano stati guidati da una serie di errori, che forse qualcuno, attraverso la combinazione di filosofia e logica, cioè con il pensiero e il discernimento, può spiegare i fenomeni cosmici in un altro modo. Anche senza la necessità della matematica. Ma in questo modo, però, viene catturato anche un maggior numero di seguaci, quando questi non hanno criteri propri. Come potrebbe essere il caso della grande quantità di religioni che esistono.

Ma ancora una volta gli scienziati cadono nell'errore di pensare che se qualcosa non può essere portato a un modello matematico, allora è perché il fenomeno non esiste. O senza ragionare nell'evidenza del fenomeno. Ma è ciò che ci costringe a introdurre nel fenomeno, altri termini, come ad esempio che la massa è immaginaria. Mentre alcuni principi, come il principio di esclusione di Wolfgang Pauli, si basano su un'interpretazione logica, che sarebbe più complicata da interpretare, se potessimo spiegarlo attraverso un linguaggio o un modello puramente matematico. Tuttavia, tutti noi accettiamo il Principio di Esclusione attraverso la logica di Pauli.

E quando l'essere umano pensa qualcosa per cercare di risolvere il problema di un certo fenomeno, la scienza è quella che lo obbliga, in modo che attraverso la logica e la prova sperimentale, il pensiero abbia validità nella deduzione; o in modo che questa idea possa essere catturata per mezzo di una funzione matematica, e con la quale, si possa cercare una soluzione o si possa proporre una nuova legge o un principio che descriva il fenomeno.

Ad esempio, la funzione matematica più semplice è $y=mx+b$. In modo tale che qualsiasi matematico possa dedurre che questa funzione corrisponde ad una linea retta. Mentre un fisico direbbe che il fenomeno può essere spiegato da una linea retta. Perché questa è la dipendenza o relazione tra la variabile "y" e la variabile "x". Poiché "m" è la pendenza della retta; e "b" è il punto attraverso il quale la retta passa sull'asse "y". Cioè, possiamo disegnare la funzione su carta. E se "b" passa attraverso l'origine, allora $b=0$ e l'equazione diventa più semplicemente $y=mx$. E con questo non saremo in grado di cambiare il fenomeno, ma solo di spiegarlo. E per spiegare fenomeni più complessi, i fenomeni devono essere rappresentati da altre funzioni più confuse.

E così, affinché ogni fenomeno abbia il suo grado di confusione, finché, con l'aiuto della filosofia, possiamo risolvere il mistero di un fenomeno, che non valutiamo, quando non possiamo spiegarlo per mezzo di un modello matematico. Ma il fenomeno continuerà ad esistere. Ed è in questo concetto che si basano i filosofi e i religiosi, che dicono che il fatto di non poter dimostrare l'esistenza di Dio, non significa in modo categorico che Dio non esiste. Solo che sarà ancora invisibile; o non saremo in grado di vederlo, perché dicono filosoficamente che Dio è veramente in tutto ciò che esiste, così da poterlo vedere ovunque. E il religioso dice: non si può vedere Lui, ma eccolo lì.....

Ma visto anche dal punto di vista degli scienziati, questo armamentario tra il filosofico e lo scientifico, è per esempio nel spiegare il movimento di un singolo elettrone intorno a un nucleo, come l'atomo di idrogeno. E fu Erwin Rudolf Josef Alexander Schrödinger, che volle portare questo semplice fenomeno ad un modello matematico. Ma questa funzione è talmente complessa che alla fine non si capisce nemmeno lo scopo o l'idea della funzione matematica. Ma l'esempio è patetico, perché lo stesso Schrödinger non ne avrebbe compreso la funzione matematica, perché l'unico che poteva capirlo era Max Born, che poteva dedurre che questa funzione esprimeva la probabilità di trovare l'unico elettrone in un dato luogo e momento intorno al solo nucleo di idrogeno. Così Max Born ricevette un premio Nobel, che avrebbe potuto essere per Schrödinger. Ma Schrödinger trovò impossibile o difficile portare il suo modello all'atomo di elio, cioè due elettroni che ruotano attorno ad un nucleo con due protoni. E questo è stato senza dubbio il grande errore di Schrödinger.

Ma forse l'altro che qui possiamo menzionare è il caso del giovane matematico venezuelano Ramses Cornieles, che ha risolto il problema della divisione per zero. Ma era qualcosa che forse Ramses non ha capito neanche lui. Tuttavia, mi ha permesso di dedurre come fosse l'Universo prima dello zero. Ma questi forse sono solo alcuni degli errori che i grandi scienziati hanno commesso, perché stanno percorrendo solo il percorso matematico, ma non si preoccupano di cercare una soluzione, osservando direttamente nella logica della natura e la ragione per cui il fenomeno si verifica in quel modo. E a ciò che non può essere spiegato attraverso la matematica viene poi dato il titolo di "....mistero della scienza.....", ovvero tutti i medici che non trovano l'origine di una malattia attribuiscono immediatamente la causa di tutta quella colpa allo stress.

Da lì nascono i più importanti, cioè gli scienziati che hanno la capacità di analizzare un fenomeno, ma non possono solo lasciarlo nella loro mente, ma devono portarlo a un modello matematico, che altri valutarlo e valutarlo, o che altri riconoscano o rifiutino l'idea. Quindi, per poter stampare graficamente la soluzione, devono usare il linguaggio matematico. E' come comporre una melodia, ma sappiamo suonarla solo con uno strumento musicale. E' stato quindi necessario imparare a scrivere musica su un pentagramma, in modo che altri possano modificare la melodia, e suonarla, anche se in una forma simile all'originale.

E allo stesso modo, lo scienziato deve usare la matematica per dare coerenza alla sua teoria, o per poter dimostrare che il suo pensiero ha una solida base logica, o un senso valido. E se la prova può essere ripetuta senza errori, allora probabilmente la filosofia perisce in quel momento, mentre la teoria prende vita, e diventerà o farà parte di una Legge, e poi, se non ha obiezioni, sarà un principio. Perché le leggi possono effettivamente essere violate, ma i principi sono inviolabili. Per esempio, il principio del fuoco è bruciare, ma il fuoco non può violare il suo principio di bruciare, e non importa se ciò che viene bruciato è un bambino o una foresta con la sua bella fauna.

Ma spetta ad altri scienziati progettare esperimenti complessi per verificare la validità delle teorie degli scienziati teorici, che vengono chiamati scienziati pratici. Ma un esperimento può essere molto semplice: per esempio, lasciate rotolare due palline pesanti su una rampa inclinata, e se siete solo attenti al suono, noterete che è più veloce man mano che la palla avanza. Pertanto, si deduce che un altro tipo di forza sta agendo sulle sfere, il che fa aumentare la velocità delle sfere per tutto il tempo. E chiameremo questa forza la forza di accelerazione della gravità, perché se la testiamo centinaia di volte, otterremo lo stesso risultato. E diremo che questa forza invisibile è ciò che fa sì che l'effetto sia costante, ed è meglio chiamarla Principio di Gravità. Ma questa è la prova che ha fatto Galileo.

E Galileo è stato anche il primo a cercare di sapere a quale velocità si muove la luce. Anche se il suo pensiero era certamente filosofico, e l'unica cosa che aveva a portata di mano per fare riferimento alla velocità con cui la luce si muove, era il suono. In modo tale che Galileo cercava abilmente uno strumento, cioè un sistema che gli permettesse di vedere la luce, ma allo stesso tempo di sentire il suono. E Galileo prese l'esempio del cannone. Ma fu Galileo Galilei, lo scienziato che doveva andare come trave su quella zattera in mezzo alla tempesta, perché Galileo dovette subire le aggressioni dell'Inquisizione imposta dalla Chiesa cattolica, che cercava di mettere in guardia contro tutto ciò che interferiva con le loro credenze. Forse, perché la gerarchia guidata dal papa, capì che qualsiasi argomentazione contro l'inesistenza di Dio, poteva indebolire il suo potere. Ma a quanto pare, la Chiesa non aveva altra scelta se non quella di accettare quegli argomenti che erano inoppugnabili, perché la scienza poteva provarli, a condizione che tale teoria cercasse in qualche modo, li coinvolgesse o li compiacesse nella ragione, perché avrebbero continuato nella ricerca di prove, che avrebbero dato sostegno scientifico alle loro credenze. E forse è stato questo il caso, e il grande errore del fisico teorico di origine britannica, Peter Higgs.

3

LA SCIENZA SI APRE LA STRADA

Perché uno degli errori più recenti è proprio quello di Peter Higgs; perché riteneva che la scoperta del bosone che egli ha teorizzato dovrebbe essere chiamata particella di Dio, perché il suo bosone dovrebbe avere valore intero zero. Pertanto, è ragionevole pensare che sia stato il bosone che ha iniziato la creazione dell'Universo; cioè che l'Universo ha cominciato a formarsi a tempo zero con il bosone zero. Ma ecco l'errore di Peter Higgs, perché se fosse stato un essere supremo che ha creato quella particella con un'energia molto alta e una densità immensa, naturalmente quell'energia creativa non avrebbe potuto essere un bosone, perché se fosse stato un bosone, da quel bosone, avrebbe formato una sola particella. E sarebbe impossibile dedurre, che dopo aver formato un bosone può essere diviso, per generare da questo i fermioni. E se fosse stato così come suppone Peter Higgs, qualcuno deve aver creato questa particella, ma qualcuno doveva essere il creatore di quel qualcuno.

Ma è anche logico supporre che questa energia sia uscita dal nulla, ed è per questo che il modello teorico di Peter Higgs non può davvero spiegarci come si è formato l'Universo. Ed è una realtà, che se le particelle sono sorte dal nulla, allora quelle particelle si sono formate da un'origine, dove non c'era né energia né massa. In modo tale che le particelle che hanno dato origine all'Universo non potranno essere scoperte per mezzo di un rivelatore o di un catturatore di segnali. E non è perché sono nascosti dietro un mistero, ma tecnicamente, è impossibile essere in grado di rilevare fisicamente queste particelle, perché i rivelatori non possono essere costruiti in modo che "vedano" per noi queste piccole particelle, per il solo fatto che queste particelle saranno invisibili a qualsiasi rivelatore che si voglia costruire per rilevarle. E non sarebbero rilevabili per diversi motivi logici: ad esempio, il design del sistema di rivelatori dovrebbe avere particelle di dimensioni più piccole, o con una superficie sufficiente a far riposare e rimbalzare le particelle. Ma quel progetto, sfugge a qualsiasi metodo o capacità tecnica dell'esperimento.

E un altro esempio da confrontare, è che quando vediamo il disco della Luna piena, è perché le onde elettromagnetiche che escono dal Sole sotto forma di luce, rimbalzano contro la superficie della Luna, e nel rimbalzo, i raggi che vengono dal Sole, si riflettono verso la nostra vista. E la superficie ruvida della Luna fa sì che i raggi di luce del Sole deviano, o rimbalzano separatamente, cioè con un piccolo scostamento nel tempo e con una differenza di intensità, grazie alla rugosità della superficie lunare. In questo modo, che a causa di questo sfregare e intensità diverse, possiamo vedere luoghi di minore e maggiore intensità luminosa, cioè luoghi limpidi e luoghi con ombre.

E questo è il modo in cui l'occhio elettronico di una macchina fotografica o di una telecamera può catturare le diverse intensità del volto di una persona. E per evitare che i raggi di luce vengano riflessi con la stessa intensità, è necessario applicare una sostanza, che opacizza la superficie luminosa del volto della persona che verrà mostrata davanti alla macchina fotografica. Questo è ciò che si chiama trucco, perché le aree di maggiore intensità sono livellate con quelle di minore intensità. Ma in breve, la somma di queste differenze di intensità è ciò che rende quello che finalmente vediamo è il disco della Luna. E la superficie della Luna è un oggetto che agisce come uno specchio, o ha una superficie, contro la quale rimbalzano i raggi delle onde elettromagnetiche che convertono la luce.

Ma se andiamo in dimensioni più piccole, per esempio la Luna è molto piccola, questa superficie lunare non sarà sufficiente per un maggior numero di onde a rimbalzare su di essa. In modo tale che non saremo in grado di vedere la superficie della Luna. In questo caso dovremmo posizionare un rivelatore, in modo che questo rivelatore possa captare i raggi che non possiamo vedere; e che ci mostri, ad esempio, che la superficie della piccola luna è come un disco. Ma se vediamo ombre intorno ad esso, come quando si verifica un'eclissi lunare, che ha un effetto simile a quello di comporre il volto della Luna, allora possiamo dire che la Luna ha la forma di una sfera. Ma ovviamente se la Luna fosse molto piccola, questo rivelatore deve essere costituito da una sostanza, che a sua volta può catturare quei pochi raggi che rimbalzano con poca energia contro la superficie dell'impercettibile luna. Ma in questo caso, possiamo dire che il bosone di Higgs era o è abbastanza grande da permettere ai rivelatori di "vederlo", al momento del rimbalzo, quando questa particella ha causato un disturbo nei rivelatori. Oppure potremmo sospettare che questa particella rilevata non corrisponda effettivamente al vero bosone di Higgs. Perché con la poca energia amplificata, sarebbe che potrebbe essere vista riflessa davanti ai nostri occhi in uno schermo, o in una lastra fotografica, o altro mezzo, che ci ha fatto dedurre, che questa era davvero una particella, e che per la sua bassa energia corrisponde a classificarla come il bosone di Higgs.

Tuttavia, se le particelle sono molto piccole, o diciamo più piccole dei fotoni di un raggio di luce, questi raggi non saranno in grado di urtare contro quelle superfici. Quindi questi raggi così grandi rispetto ad alcune particelle molto piccole, non saranno in grado di rimbalzare, perché non trovano un mezzo o una superficie di supporto verso un rivelatore, non importa quanto sensibile sia questo. Pertanto, non saremo in grado di vedere nulla, perché l'energia è così tenue che non è sufficiente a disturbare la sostanza fotomoltiplicatore del rivelatore. In altre parole, queste particelle possono passare attraverso qualsiasi rivelatore, e non lasceranno traccia per noi per vedere indirettamente la loro esistenza, e rimarranno invisibili. E 'come se si stesse lanciando una pietra per cercare di colpire la superficie di una punta di un ago. E questa pietra è così grande, che non avremo alcuna informazione su come è il centro della superficie della punta dell'ago.

O se andiamo a quelle dimensioni molto piccole, questo è il motivo per cui non siamo stati in grado di rilevare un gran numero di neutrini, ma nonostante la loro abbondanza, solo pochi sono stati catturati da un immenso serbatoio di acqua pura che si trova nel sottosuolo. Ad esempio, nelle miniere abbandonate del Giappone, dove si trova il laboratorio Super Kamiokande. L'osservatorio Super Kamiokande è costituito da un immenso stagno di 50 milioni di litri di acqua pura e si trova un chilometro sotto la superficie terrestre. Questo laghetto è circondato da circa 11.000 tubi fotomoltiplicatori, disposti in una struttura cilindrica, le cui dimensioni sono di 40 metri di altezza per 40 metri di larghezza. Un muone è una particella massiccia. In modo tale che raramente un muone interagisce con l'acqua e produce un segnale ben definito. Mentre gli elettroni interagiscono con l'acqua pura e producono come pioggia di particelle aggiuntive. Pertanto, l'immagine rilevata dagli 11.000 tubi fotomoltiplicatori non sarà un segnale definito, e l'immagine che vedremo sarà sfocata.

Ma nonostante le dimensioni molto grandi di quel rivelatore, che sarà un problema pratico, così concludiamo che non produrremo rivelatori per vedere il segnale di almatrinos, perché queste particelle sono più piccole di un neutrino. E se non siamo stati in grado di costruire rivelatori per catturare i neutrini, allora per la natura del fenomeno, non saremo in grado di costruire rivelatori per gli almatrino. Perché gli almatrino, sebbene siano i più abbondanti nell'Universo, sono le particelle più piccole che esistono, e proprio per questo motivo, che queste sono le particelle che si sono formate inizialmente, e che quando si sono unite hanno dato origine all'Universo. Esse formano, per esempio, il 74% dell'energia non rilevabile dell'Universo. Ma in aggiunta, si sono riuniti per formare una quantità di materia che non può essere rilevata, anche se questa quantità è pari al 22% dell'Universo. E per fare un confronto, possiamo vedere solo il 4% di quella materia sotto forma di galassie, stelle e pianeti.

Ma tornando agli errori degli scienziati, il movimento stesso di una particella, lo dobbiamo al fisico tedesco Ralph Kronig, che è stato il primo a scoprire che le particelle hanno movimenti di rotazione, che viene anche chiamato spin. Ma prima di esporlo in una conferenza, Ralph Kronig ricevette una lettera da Wolfgang Pauli, per spiegare a Kronig la necessità di assegnare ad ogni elettrone di un atomo i quattro numeri quantici. Questa è stata una delle scoperte più importanti della fisica, di cui dobbiamo la scoperta al fisico teorico di origine tedesca Max Karl Ernst Ludwig Planck, perché è stato Planck a scoprire che l'energia degli elettroni è quantizzata. In altre parole, solo interi valori possono essere assegnati a questa energia, il che ha cambiato completamente il concetto di energia della scienza e la struttura degli atomi. E l'energia quantificata potrebbe spiegare fatti trascendentali come l'ordine o la posizione degli atomi in una tavola periodica, e con questo possiamo dedurre il comportamento e la combinazione di atomi in molecole per formare la materia. Ma anche, che questa quantificazione dell'energia degli elettroni, fu ciò che segnò lo sviluppo della fisica quantistica, che rappresentava un altro grande progresso della scienza, che si stava aprendo la strada attraverso un percorso che Max Planck ci indicava.

In modo tale che Kronig avrebbe l'idea che un elettrone, nello stesso tempo che si muove intorno al nucleo nella sua orbita quantistica, può farlo girare intorno a se stesso, così come la Terra fa intorno al Sole con il suo movimento di traslazione, e allo stesso tempo ruotare sotto forma di rotazione. Ed è per questo che abbiamo giorni e notti, la cui durata è di circa 24 ore all'equatore. Anche se nei poli un giorno, come una notte può durare sei mesi, a seconda dell'angolo di inclinazione della Terra. Ma forse perché è all'interno dell'influenza magnetica tra Mercurio e la Terra, e la grande forza magnetica dell'immenso pianeta Sole, Venere gira all'indietro. Ma le forme a vortice delle galassie ci dicono che girano in senso antiorario, a meno che le foto non vengano guardate da dietro. Ma Urano ha il suo equatore ruotato di 90 gradi rispetto ai poli della Terra.

Ma Ralph Kronig avrebbe elaborato il suo modello matematico, per poter spiegare il movimento dello spin di una particella in sé. Tuttavia, che questa idea di Kronig, era qualcosa
che avrebbe fatto ridere Wolfgang Pauli, da quando Pauli fece
sapere a Kronig, che questa nozione di rotazione di un elettrone su se stesso, era senza dubbio un'idea ridicola, motivo
per cui nella lettera dice Wolfgang Pauli a Kronig, e forse in
modo eufonico o burlesco: "senza dubbio che mi sembra un'i-
dea molto intelligente". Perché Pauli considerava erroneamente anche che con questo modello matematico della rotazione di un elettrone su se stesso, egli presumeva che le particelle viaggiavano a una velocità superiore a quella della luce,
il che violava la legge di relatività di Albert Einstein. E questo,
secondo Wolfgang Pauli, fu l'errore di Kronig. E forse perché
considerava la grande reputazione sia di Wolfgang Pauli che
di Albert Einstein, Kronig si scoraggiava e commetteva il
grande errore della sua vita quando decise di riprenderlo. Così
Kronig non voleva pubblicare le sue idee. Ma questo fu senza
dubbio un grande errore di Ralph Kronig, perché aveva ragione; per una particella può, infatti, muoversi più velocemente della luce.

Ma anche se è stato un errore di Wolfgang Pauli riferirsi ad
essa come ad un'atrocità di Kronig, Pauli ha rettificato, pen-
sando logicamente, che Ralph Kronig aveva ragione. Perché
Pauli dedusse che il movimento dell'elettrone doveva avere
anche valori quantistici, il che lo avrebbe portato a dedurre
un'idea; che per sua natura logica, divenne un Principio. Un
principio che si basa piuttosto su un fatto ragionato, ma non
su un modello matematico per descriverlo. Perché è a Pauli
che dobbiamo la deduzione della particella che abbiamo iden-
tificato come neutrino, ma quella scoperta non era qualcosa

di teorizzato matematicamente o per mezzo di un modello teorico, ma la somma del bilancio energetico non coincideva.

E fu nel 1930 che Wolfgang Pauli, forse sconcertato perché non trovò la soluzione al fenomeno, propose che ci fosse una particella per poter compensare nel bilancio l'energia mancante, in modo che la particella non potesse avere carica o massa, poiché mancava solo energia. E Pauli chiamò questa particella immaginaria neutrone. Ma anche l'idea di una particella senza carica o massa non poteva rientrare nella logica di Pauli, perché era difficile immaginare una particella con tali caratteristiche a quei tempi. Fino a quando il fisico cinese Wang Ganchang, propone l'idea di poter rilevare questa particella proposta da Pauli. E nel 1956 i fisici pratici Clyde Clyde Cowan e Frederick Reines, riuscirono ad elaborare un esperimento per scoprire questa particella. Tuttavia, dato che esisteva già una particella chiamata neutrone, il fisico Enrico Fermi, forse influenzato dalla sua nazionalità italiana, propone a Wolfgang Pauli di chiamare questa particella piuttosto neutrino, che significa piccolo neutrone.

Ma tornando al caso della quantificazione dell'elettrone in orbita, Pauli accettò definitivamente l'idea di Kronig, e deduce che ci devono essere regole logiche che descrivono il movimento di un elettrone che gira in sé. E si stabiliscono una serie di restrizioni immaginative, che ora si chiamano, come si diceva, principi. E in questo caso questo principio è noto come Principio di Esclusione di Pauli, che per errore di Kronig, o perché non indaga ulteriormente la natura del fenomeno, non si chiama Principio di Kronig.

Ma la verità è che qualcuno ha dedotto che la teoria di Kronig era matematicamente valida, o che non violava la legge di relatività di Albert Einstein, purché il valore del numero quantico fosse diviso per 2. Cioè, 0/2, 1/2, 1/2, 2/2, 3/2, 3/2, 4/2, 5/2, 5/2..... E in questo modo, il concetto di energia quantizzata non è stato violato, poiché i valori 0, 1 e 2 sono interi, mentre gli altri sono frazioni (+1/2, -1/2, -1/2, +3/2,-3/2, +5/2,-5/2,-5/2....). Quindi 0/2=0 corrisponde al valore quantico zero. Mentre 1/2 è un valore frazionato che può essere positivo (+1/2) o negativo (-1/2), perché la rotazione di una delle particelle, come l'esempio del pianeta Venere, è influenzata dalla rotazione dell'altra. E ovviamente per un elettrone possiamo considerare solo quattro possibili valori associati, che sono i quattro valori quantistici menzionati nella tua lettera, da Wolfgang Pauli a Ralph Kronig.

Ma è a causa di questa qualità della rotazione di una particella su se stessa che la luce esiste, perché i fotoni che formano la luce sono bosoni, quindi la luce può formare e viaggiare; o rimbalzare gli oggetti come raggi separati, o sotto forma di fasci di fotoni senza fondersi tra loro. Questo è il motivo per cui possiamo vedere gli oggetti, e per lo stesso motivo, c'è tutta la materia nell'Universo, perché i fermioni, quando ruotano, creano campi di forza che fanno sentire alcune particelle attratte da altre. Diciamo, ecco perché ci sono spiriti, alberi, insetti, acqua, pianeti, aria, atmosfere, stelle, galassie, e così via.

Significa che se immaginiamo particelle molto piccole come il neutrino e l'almatrino, questo fenomeno di una particella che gira su se stessa, avrà un'enorme importanza, o che questo movimento sarà trascendentale per la formazione di altri tipi di energia, e nel comportamento dell'energia che si sta trasformando in materia, e tutto ciò che si sta formando nell'Universo. Oppure che l'energia può viaggiare sotto forma di onde elettromagnetiche polarizzate, cioè che un campo elettrico e un campo magnetico si formano nella stessa onda, perché i campi elettrici e magnetici si muovono con un angolo di 90 gradi tra loro. In altre parole, senza integrarsi come un'unica onda. E quindi l'onda elettromagnetica non può attraversare ostacoli, in un fenomeno elettromagnetico noto come "gabbia di faraday".

E questa è una condizione fondamentale per la formazione della luce. Perché la luce visibile è un'onda elettromagnetica che non penetra gli oggetti, ma rimbalza contro di loro, il che è essenziale per l'effetto della visione degli occhi, cioè per poter vedere gli oggetti, quando i raggi di luce rimbalzano e noi possiamo raccogliere quei raggi attraverso la retina. O, come si è detto, che le telecamere e quelle che catturano una fotografia si basano sullo stesso principio. Oppure diciamo che questa energia elettromagnetica influenza in modo importante per la vita, e soprattutto per la vita quotidiana degli esseri umani, come mostrato solo in pochi casi nella figura 1.

Da qui, Wolfgang Pauli deduce che i valori interi danno proprietà fisiche diverse a particelle con numeri quantistici diversi; e per differenziarle l'una dall'altra, uno è chiamato fermione e gli altri bosoni. E al valore zero dei bosoni corrisponde la particella di Peter Higgs. E così questa particella divenne una delle più ricercate, poiché ciò implicherebbe che questa era la particella da cui Dio formò l'Universo. Pertanto, questa particella avrebbe meritato l'onore di essere la particella di Dio, perché sarebbe stata con cui Dio ha iniziato la formazione dell'Universo. E Higgs concluse che fu da questa particella che l'Universo cominciò a formarsi.

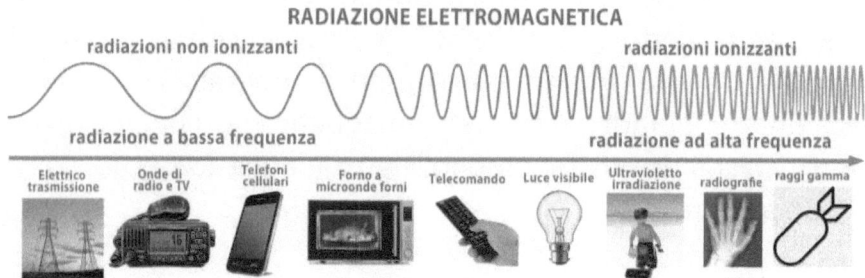

FIGURA 1
LO SPETTRO ELETTROMAGNETICO CON LA SUA AMPIA GAMMA DI ENERGIA E LA SUA INFLUENZA SUL COMPORTAMENTO DELLA MATERIA E SULL'ESISTENZA DELLA VITA

Ma ecco l'altro errore di Peter Higgs, perché quello che non si immaginava, è che ci sono particelle più piccole del bosone di spin zero. E che lo spin non è che una forma di rotazione di una particella su se stessa, e queste particelle possono essere piccole come un almatrino, o grandi come la Terra intorno al Sole, o il Sole stesso che gira con la Via Lattea; e questa galassia gira da sinistra a destra intorno ad un gruppo di soli. Ma la forma dei vortici delle galassie indica che la rotazione delle galassie è da sinistra a destra, o come fa la Terra, come molti sostengono sia da destra a sinistra. Ma che sia in un modo o nell'altro, questo non influenza l'idea che vogliamo spiegare, perché se due galassie si separano, una girerà a sinistra e l'altra a destra, come conseguenza naturale dell'influenza del campo elettromagnetico.

4

IL MOMENTO PRIMA DELLA FORMAZIONE DELL'UNIVERSO

Così, Wolfgang Pauli ha dedotto, senza avere un modello matematico, che un elettrone con un valore quantico di 1/2 può ruotare indistintamente da sinistra a destra o da destra a sinistra come fa la Terra. Tuttavia, quando ci sono due elettroni allo stesso livello quantico, l'influenza del primo può influenzare il secondo, perché la rotazione degli elettroni ha creato un campo elettromagnetico, che fa ruotare questo secondo elettrone in direzione opposta al primo. Cioè da sinistra a destra o da destra a sinistra, per cui la rotazione può assumere valori (-1/2) o (+1/2). Perché i valori più e meno sono assegnati relativamente. Mentre un bosone non può da solo creare un campo elettromagnetico, perché i bosoni non hanno un senso specifico nella rotazione. Quindi il primo bosone non può influenzare un secondo bosone che si trova nella stessa orbita. E queste particelle che hanno valori frazionari dei loro valori quantistici sono chiamate fermioni in onore di Enrico Fermi.

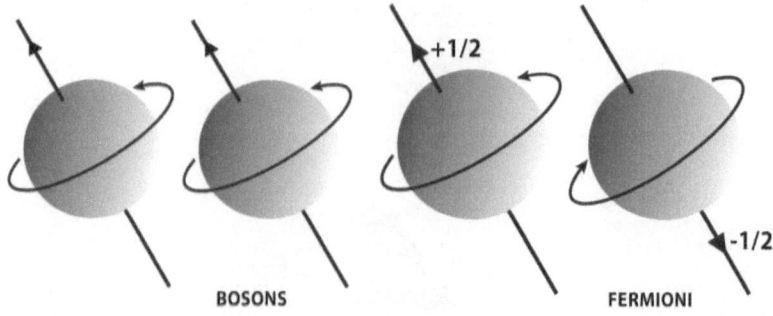

FIGURA 2
I BOSONI POSSONO RUOTARE CON VALORI QUANTICI INTERI,
MENTRE I FERMIONI HANNO UN NUMERO QUANTICO
FRAZIONARIO, E LA ROTAZIONE DI UNO DI ESSI INFLUENZA IL
SENSO DI ROTAZIONE DELL'ALTRO

Ma Pauli continua a dedurre che se due elettroni occupassero la stessa orbita con lo stesso numero quantico, la loro forma di rotazione non potrebbe essere nella stessa direzione. Si tratterebbe quindi di un movimento impossibile, perché una particella in movimento genera, come detto, un campo elettromagnetico, che avrà un'influenza sull'altra particella, come si vede nella figura 3.

Ed è da questo movimento rotatorio che si generano le cariche elettriche di due poli: il polo positivo e il polo negativo. In modo tale che il Principio di Esclusione di Pauli, stabilisce in modo logico, che due fermioni che girano nella stessa direzione, non possono occupare la stessa orbita, o che hanno lo stesso numero quantico, perché in modo logico queste due particelle si condenserebbero e diventerebbero un bosone. Ma in ogni caso, anche ipoteticamente, questo tipo di movimento nella stessa direzione di rotazione di due elettroni nella stessa orbita sarebbe un fatto impossibile. Oppure, come l'esempio citato, di Venere che ruota in direzione opposta tra le orbite di Mercurio e la Terra.

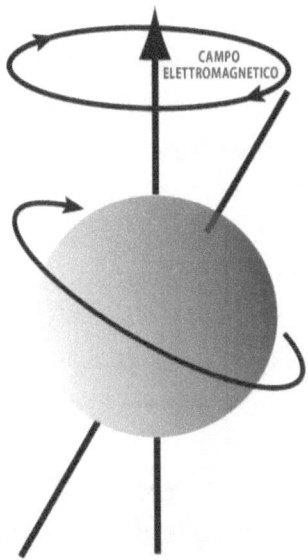

FIGURA 3
I FERMIONI IN MOVIMENTO GENERANO ONDE
ELETTROMAGNETICA

Il termine bosone è stato suggerito dal fisico inglese Paul Adrien Maurice Dirac, quando all'Università di Dhaka in India, ha commemorato l'anniversario del contributo del professore di fisica dell'Università di Calcutta e di Dhaka Satyendra Nath Bose. Bose nacque da una famiglia borghese bengalese il 1° gennaio 1894. E già in tenera età Bose mostrava i segni del suo genio. Ma un aneddoto interessante è che a questo giovane studente è stato dato nei suoi voti di matematica un valore di 110 su un massimo di 100. E i dieci punti extra gli sono stati assegnati, perché Bose non solo ha risposto correttamente alle domande, ma ha risposto ad altre questioni in più di un modo. E in onore di Bose, fu il leggendario fisico Paul Dirac a proporre la parola bosone per quella particella che Bose scoprì con le sue statistiche, che in seguito fu chiamata teoria di Bose-Einstein.

Come due particelle intere, non generano cariche elettriche, quindi possono occupare la stessa orbita. Ma si fonderebbero formando un'altra particella con maggiore energia, cioè: 1+1=2 che corrisponderebbe ad un bosone di valore intero 2. I valori +1, -1, +2 e +2 e-2 anche se possono essere considerati matematicamente, in realtà in modo fisico che il loro senso di rotazione non avrebbe molta importanza, che è diverso dalla particella che ruota nella stessa orbita con valori -1/2 e -1/2 e -1/2 che dà 1, o che +1/2 più +1/2 è ugualmente 1, che sarà un bosone perché corrisponde ad un valore intero.

Ad esempio, i fotoni che formano la luce sono bosoni, che sono chiamati anche particelle di forza, perché condensano o integrano l'energia, come ad esempio i gluoni, dove apparentemente sorge un terzo polo elettrico. Un altro esempio è la forza di gravità; anche se per spiegare questo si propone la gravitone. O qualsiasi nucleo che abbia come valore dello spin un numero intero, e ovviamente che i bosoni non soddisfano il principio di esclusione di Pauli. E l'altra particella che ha anch'essa uno spin zero, a parte il bosone di Higgs, si chiama pione. E l'importanza nella vita, che si chiami vita fisica o spirituale, è che elettroni, neutroni e protoni sono fermioni, mentre i fotoni che formano un fascio di luce sono bosoni come detto, e i bosoni costituiscono le forze che li integrano. E nei nuclei sono i gluoni, cioè che i bosoni impediscono la disintegrazione della materia e della luce.

E a seconda dell'intensità di queste forze, gli elettroni rimangono in rotazione intorno ai nuclei che formano la materia, cioè, ad esempio, tutte le forme di vita. In tal modo, che questa proprietà delle particelle fermioni e bosoni, determina necessariamente la nostra forma di vita e nella vita stessa dell'Universo, perché il risultato di questa interazione, è ciò che forma uno spettro di un fascio di fotoni a una certa temperatura di equilibrio, che possiede uno spettro di Planck. E un esempio di questo è la radiazione del fondo cosmico a microonde, che sono le tracce o testimoni che ci permettono di tornare indietro nel tempo, di avere un'idea di come l'Universo avrebbe potuto essere all'inizio, o anche prima che l'Universo si fosse formato.

E' per questo principio naturale che diciamo che le particelle che hanno creato l'universo non possono essere bosoni ma fermioni, perché quando le particelle ruotano, creano un campo elettromagnetico, come mostrato in Figura 3. Quindi, se le particelle che si sono formate all'inizio fossero bosoni, la materia non si sarebbe formata, perché non ci sarebbero state cariche elettromagnetiche, note anche come cariche elettriche che sono le forze che mantengono il moto. Per esempio, qualsiasi dispositivo elettronico, un'automobile o le immense turbine di una centrale idroelettrica, funzionano solo quando una carica elettronica fluisce attraverso il suo circuito dal polo negativo al polo positivo. Oppure, come si diceva, se non fosse stato per i fermioni, gli spiriti non esisterebbero. E nell'Universo esisterebbe un'unica intelligenza, che Peter Higgs chiamerebbe Dio. Ma la verità è che c'è la materia, e gli infiniti esseri che si muovono come spiriti o energie intelligenti: si chiamano oche, cani, gatti, pesci, ragni, serpenti, virus, microbi, spermatozoi, piante e così via. Ma c'è anche la Terra, quindi l'Universo è stato formato dai fermioni ma non solo dai bosoni.

E alcune intelligenze sono diventate coscienti di se stesse, come gli esseri umani. Mentre altri stanno imparando ad essere, come nel caso di scimmie, procioni, tassi, pecore, cani, maiali, corvi, elefanti, gatti, delfini intelligenti e talpe. Tutti loro mostrano un certo grado di padronanza energetica; e la capacità di ricordare, che è fondamentale, perché la memoria è necessaria per il processo evolutivo. In modo tale che gli almatrino sono in realtà dei fermioni, perché si sono formate molte forme di spiriti indipendenti; e concludiamo che gli almatrino non possono essere bosoni. E possiamo dire che senza i bosoni non ci sarebbe luce; e senza i fermioni non ci sarebbe nessuna materia, e senza entrambe le particelle non ci sarebbe l'Universo.

Ma l'errore di Peter Higgs, a cui abbiamo fatto riferimento, è che egli non ha considerato la relazione dei numeri virtuali, perché in effetti il problema non cesserà di esistere solo perché non può essere rappresentato da una funzione o formula matematica. Perché la matematica, come è stato detto, è solo uno strumento che la scienza usa per catturare una spiegazione; e la soluzione di un fenomeno è di fatto reale o reale, e non c'è altra alternativa.

Quindi l'errore di Peter Higgs è stato quello di considerare $0*2=0$. Ma secondo Higgs non può esistere niente di meno di 0, quindi, da lì o da zero, la creazione dell'Universo sarebbe dovuta avvenire. Ma anche, che qualcuno doveva essere intervenuto per iniziare questa creazione. Ma secondo quello che consideriamo nel Libro "L'Universo prima del tempo zero"; $0*2=0$ possiamo anche scriverlo come $0/0=2$. Ma ugualmente di $0/0=1$ o $0/0=1/2$, e questo, naturalmente, non avrebbe alcun senso dal punto di vista puramente matematico, perché sarebbe equivalente a dire, che $2=1$ o che $2=1/2$ o $½=1$. O qualsiasi divisione fatta da zero darebbe valori diversi.

Ma il giovane matematico venezuelano Ramsés Cornieles affrontò questo problema della divisione per zero, come abbiamo detto, e risolse questa incongruenza della divisione per zero. E Ramses ha rappresentato, per esempio, il valore all'interno di un cerchio, per indicare che questo valore è incluso all'interno di uno zero. In modo tale, che ora possiamo scrivere il valore frazionato di Peter Higgs come 0/2=Ⓞ . Ma questo valore non può essere zero, perché è contenuto all'interno di un altro zero.

E ora non potremo dire che l'Universo ha cominciato a formarsi dal punto zero, ma da molto prima dello zero, perché possiamo includere il valore all'interno di un altro zero Ⓞ; e così via in modo speculare o virtuale. Cioè, possiamo scrivere Ⓞ/2=◎ . Un valore zero incluso all'interno di un altro valore zero, finché non ci mettiamo in modo più logico nell'intervallo che va dal meno infinito al più infinito ($-\infty$, $+\infty$). E nel minimo infinito non esisteva nulla e nessuno dal nulla poteva formare l'Universo, perché non c'era niente e nessuno poteva esistere.

Ma forse, o meglio, che questa analisi virtuale ci conduce all'inizio a ciò che Paul Dirac teorizzava come particella elementare di un solo polo, cioè un monopolo magnetico. Oppure una particella con "carica magnetica" in un campo magnetico. Perché ciò che abbiamo sempre saputo è la carica elettrica di un campo elettrico. Come, ad esempio, i poli di una batteria che danno vita funzionale ad un circuito elettronico, come dire una radio o un televisore, perché la corrente o la batteria hanno due poli.

Ma allo stesso modo, sappiamo che ogni magnete ha due poli magnetici che chiamiamo nord e sud. Ma se tagliamo un magnete in due pezzi, ogni parte avrà ancora i suoi due poli, nord e sud. Oppure la stessa cosa succede con la chiralità; perché se si riesce a tracciare una linea attraverso il solo centro del viso, si avrà sempre il lato sinistro da un lato, e il lato destro dall'altro. Ma ci deve essere una linea che non ha la chiralità, e che sarebbe il mero centro del tuo viso, e in quella linea teoricamente non c'è più chiralità. Quindi, o analogamente ai poli dei magneti, poiché tagliamo sempre più fisicamente il magnete, ci deve essere un "magnete" che ha un solo polo, cioè, nord o sud, ma non entrambi i poli. E questa ipotetica sostanza sarà una particella che avrà un unico polo magnetico, e Paul Dirac la definì monopolo. Ecco perché c'è una sola corrente di elettroni in un filo di rame, quando c'è il movimento di avvicinare o allontanare il filo da un magnete. Ma lo stesso accade se avviciniamo il magnete al filo di rame, o quando strofiniamo un panno di seta.

Anche se cariche elettriche, si muovono meglio sulla superficie dei metalli nobili, o di quelli che hanno forze bosoniche più fisse che li integrano. Ecco perché i migliori conduttori metallici sono l'oro e l'argento, e gli elettroni fluiscono dalla terra. Pertanto, un gran numero di essi può accumularsi in abiti d'oro o d'argento. E se le persone li portano al collo come ornamenti, diventeranno conduttori di cariche elettriche, quindi è molto probabile che, quando una nuvola caricata positivamente passa sopra di loro, una corrente sarà prodotta dalla terra alla nuvola, e la corrente fluirà attraverso il corpo della persona, perché la persona con il suo bordo d'oro fa passare gli elettroni, e questa persona può morire fulminata, perché per un istante troppe cariche elettriche sono passate attraverso i conduttori del suo corpo. Principalmente le cellule cardiache che generano elettricità con questo movimento e sono quelle che mantengono attivo l'impulso cardiaco. Una mucca umida può anche morire fulminata, perché è stata inzuppata negli zoccoli che erano l'isolante, e l'acqua conduce l'elettricità, anche se la mucca non porta una collana d'oro. Quindi non è bene anche mettere una campana metallica sul collo della mucca, perché questo aumenterà il rischio che la mucca muoia folgorata quando la corrente di elettroni fluisce dalla terra alla nuvola, usando il corpo della mucca come conduttore.

E queste particelle con un unico polo magnetico esistono, perché non dubitiamo che siano le almatrino, che hanno formato le onde elettromagnetiche che si diffondono nell'Universo e producono luce, e una serie di fenomeni legati a tutta l'esistenza. Perché era necessario un solo almatrino, che cominciò a girare in forma di spirale o più veloce e più veloce. E con questo movimento di rotazione a forma di spirale, l'almatrino accelerava da zero, fino a che non veniva sparato con un'enorme forza tangenziale. E così si è creato il movimento iniziale, come mostrato in Figura 4. E noi immaginiamo questa visione dall'alto, perché è più chiaro di poter disegnare un'elica e vederne l'effetto tangenziale. Ma questo è un fenomeno osservato negli acceleratori di particelle, dove la forza di rotazione aumenta con il raggio dell'apparecchiatura. Ecco perché l'acceleratore di particelle del CERN ha una circonferenza di 27 chilometri, e i cinesi stanno costruendo un acceleratore, la cui circonferenza sarà di 100 chilometri. E questo acceleratore potrebbe essere completato entro il 2030. Ma purtroppo, anche se questo acceleratore è molto grande, non ci saranno rivelatori per captare il segnale che potrebbe arrivare a noi dagli almatrinos.

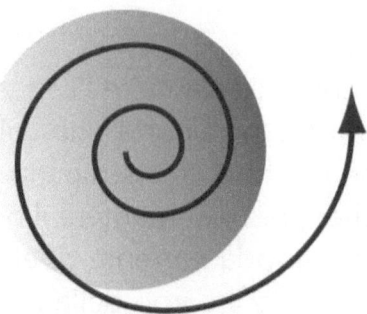

FIGURA 4
MONOPOLO MAGNETICO DI UN'ALMATRINA VISTA DALL'ALTO

Ma diciamo che l'esistenza di monopoli magnetici fu formulata da Paul Dirac nel 1931, che non accettò l'apparente irregolarità mostrata dalle equazioni di Maxwell. Tuttavia, introducendo in queste equazioni l'esistenza di monopoli magnetici, queste equazioni mostrerebbero una simmetria nell'interazione tra il campo elettrico e il campo magnetico, che sarebbe ciò che ha dato origine al campo elettromagnetico.

Un monopolo magnetico è una particella che ha un solo polo magnetico, cioè nord o sud, ma non nord e sud. E teoricamente, naturalmente, ci può essere una particella con un monopolo magnetico, perché l'esistenza di questa particella sarebbe la base per spiegare come l'Universo ha avuto origine da una singola particella.

E il 29 gennaio 2014, il professor David S. Hall dell'Amherst College Physics e il ricercatore dell'Accademia Mikko Möttönen dell'Università di Aalto nella Grande Helsinki, Finlandia, hanno riferito di essere riusciti a creare, identificare e fotografare i monopoli magnetici in laboratorio. E questo, ovviamente, darebbe un supporto inestimabile alla nostra teoria di come l'Universo si è formato dal nulla, perché bastava solo formare un almatrino con un unico polo magnetico prima dello zero temporale, come mostrato nella figura 4. In modo tale che diventa essenziale scrivere, formulare o estendere una nuova forma di teoria che riduce o elimina i dubbi sul Big Bang.

E possiamo dedurre che l'Universo ha cominciato a formarsi gradualmente o progressivamente a partire dal tempo zero, ma che questo non è stato un sorgere improvviso, ma che l'Universo stava gradualmente gesticolando. Da dove inizierebbe come fa un embrione, che è formato da uno spermatozoo con un ovulo all'interno della pancia, ma che occupa uno spazio minimo. Così allo stesso modo cominciarono a formarsi gli almatrino senza massa, perché questa massa in riposo di un almatrino m_0, ora non possiamo dire che è zero, ma possiamo includerlo all'interno di un cerchio. Il cui significato matematico è che questa massa non è zero, perché è inclusa nel valore zero $(<m_0>)=m_0$. E questa è una progressione graduale, che rispetta un principio naturale, in cui si stabilisce che in natura non ci sono cambiamenti o salti improvvisi, ma una continuità e contiguità di eventi.

E con il concetto di almatrino, i numeri virtuali e il monopolo magnetico di Paul Dirac, d'ora in poi, possiamo già immaginare quanto spazio minimo ci fosse prima che l'Universo cominciasse a formarsi; o quello che c'era prima del tempo zero. Ma tutto indica che l'Universo non è nato in modo agitato da un punto molto caldo o ad alta densità, quindi è necessario applicare la definizione di questo modello ad un nuovo Big Bang, sempre in onore di Edwin Hubble, Georges Lemaitre e Paul Dirac.

E per quanto riguarda l'errore di Albert Einstein, questo è accaduto, perché vedeva tutto in un modo relativo al fenomeno della luce. È persino ad Albert Einstein che dobbiamo la spiegazione del fenomeno fotoelettrico, il cui principio è utilizzato nell'amplificazione della corrente elettronica, negli oltre 11 mila tubi fotomoltiplicatori che si trovano intorno allo stagno d'acqua dell'osservatorio della Super Kamiokande. Ma forse il più grande errore di Albert Einstein è stato quello di ipotizzare che nulla potesse viaggiare più veloce della luce, anche se la prova sperimentale mostrata in Figura 5 indica che la luce assume in realtà valori infiniti, proprio come l'energia. E questa grande velocità degli almatrino in forma tangenziale, è ciò che forma e formerà tutta l'energia e la massa che esiste, e ciò che può esistere in tutto l'Universo.

5

LO SPAZIO NEL MENO INFINITO

Ma la realtà mostrata dagli esperimenti è che una particella in movimento guadagna una quantità supplementare di massa m dalla massa a riposo m_0. Albert Einstein ha commesso un errore importante, perché si è basato solo su una funzione matematica per affermare che se una particella si muove più velocemente della luce, allora la massa che la particella acquisisce sarebbe immaginaria. Perché la matematica ha indicato ad Albert Einstein che se il valore all'interno della radice quadrata è negativo, quando si estrae la radice quadrata, la quantità sarebbe immaginaria. Ma il ragionamento ci dice che nessun movimento può essere immaginario. Così Albert Einstein dedusse solo che matematicamente, la massa m che la particella guadagna dalla sua massa a riposo m_0 è data dall'equazione:

$$m = m_0 \Big/ \sqrt{1 - \upsilon^2/c^2}$$

In modo tale che matematicamente, υ non può essere maggiore di C. D'altra parte, Albert Einstein assicura anche che l'Energia non può essere immaginaria, e il fenomeno reale ci dice che la massa è formata da energia, quindi anche qualcosa che deriva da qualcosa di reale non può essere immaginario. Solo che Albert Einstein non avrebbe trovato il modo di risolvere il valore negativo di questa equazione, e da questa funzione egli riteneva che nulla potesse muoversi più velocemente della luce. E si è concentrato solo a vedere il problema in modo matematico, ma non ad analizzare il fenomeno in modo logico. Ma questo influenzò, come abbiamo visto, l'idea di Ralph Kronig, che commetteva il suo errore considerando solo il grande prestigio di Albert Einstein e Wolfgang Pauli, ma non il fenomeno in sé.

Ma anche utilizzando gli strumenti matematici che hanno portato Rameses Cornieles a risolvere il problema della divisione per zero, abbiamo usato il valore immaginario "i". E prima che Ramses lo proponesse, avevamo già risolto il problema del valore immaginario della radice quadrata, e l'abbiamo adattato ad una condizione più adeguata al fenomeno reale; ragione per cui siamo arrivati all'equazione che abbiamo visto prima:

$$\upsilon = m_0 * C^3/E$$

Essendo m_0, la massa della particella al momento di essere senza movimento. E qui viene introdotta la velocità con cui la particella si muove; cioè U, quando la particella è in movimento, mentre C è una costante, che in realtà rappresenta la velocità con cui si muovono i bosoni che hanno acquisito la massa, cioè un fascio concentrato di fotoni sotto forma di luce visibile. Ma il valore C, in questo caso sarebbe una costante, quindi è indipendente da U. E U dipende solo dall'energia della particella E e dalla sua massa a riposo m_0. E la luce si manifesta solo quando le onde elettromagnetiche che si sono formate interagiscono con le sostanze gassose dell'atmosfera dei pianeti, perché queste onde sotto forma di luce non sono altro che le onde derivate dalle onde elettromagnetiche che si erano precedentemente formate. E la luce si è formata, dall'energia in forma luminosa che viene rilasciata, quando gli elettroni della materia ritornano al loro livello quantico fondamentale, una volta che sono stati promossi a livelli più elevati dalle radiazioni elettromagnetiche.

E come si può vedere nella figura 4, questa alta velocità è indipendente dalla velocità della luce, e si è verificata quando una singola particella è stata sparata con una velocità tangenziale. Ed è da questa velocità che si è cominciato a creare massa m, e poi una dopo l'altra, fino a quando le particelle hanno interagito, e si è generata una condizione fisica ed elettromagnetica che ha continuato a creare massa ed energia, fino ad arrivare al punto zero dell'Universo. Ma tutto questo era indipendente dalla luce, perché i pianeti non esistevano ancora perché le onde elettromagnetiche interagissero con le atmosfere, e la luce poteva manifestarsi. Naturalmente, a quel tempo non esistevamo nemmeno noi. In tal modo, che l'Universo doveva necessariamente attraversare un periodo di oscurità assoluta, fino a quando i corpi più grandi e solidi si sono formati dall'energia che si è trasformata in materia.

Ma questa equazione $U=m_0C^3/E$ o $E=m_0C^3/U$ ci spiega in modo più logico come si è formato l'Universo, perché la massa è nata da un movimento molto piccolo, e questo ha generato un'energia altrettanto piccola. O più piccolo di zero, secondo la deduzione dei numeri virtuali. E con questo nuovo concetto, non potremo più dire che i valori erano zero; perché se diciamo, per esempio, che la massa è zero e non inferiore a zero, questo farebbe scomparire matematicamente un fenomeno fisico reale. E l'equazione che ha formato l'Universo, ora possiamo scriverlo come:

$$E=m_0\Psi/U$$

Dove Ψ è la nuova costante che sostituisce l'altra costante C^3. E l'equazione che spiega come si è formato l'Universo, possiamo scriverlo in modo più logico come segue:

$$<(E)> \ = <(m_0)>*<(\Psi)>/<(U)>$$

E con questa forma non si può più dire che nel tempo zero la massa era zero, ma che questa massa non esisteva, perché cominciava a gesticolare dal nulla. E forse, come si diceva, tutto parte da un monopolo magnetico, perché era sufficiente che una sola particella, con un'energia minima, entrasse in un movimento accelerato. Ma questo movimento accelerato non si ferma più, perché genera la propria energia necessaria per continuare il suo movimento, che allo stesso tempo è riuscito a generare altre particelle. Ma una massa così piccola è possibile solo perché possiamo includerla all'interno di uno zero. In modo tale, che un fenomeno che è reale, non possiamo più farlo scomparire matematicamente.

Ma se una particella viaggia o meno ad una velocità superiore a quella della luce non è più un fenomeno puramente matematico, ma dipende dalle dimensioni delle particelle che stiamo considerando, così come dalla distanza che devono percorrere; o almeno che usiamo due variabili in modo da poter confrontare i nostri sensi uditivi e visivi. Per esempio, Galileo Galilei si riferiva ai grandi corpi, o al peso delle sfere. Poi Isaac Newton ha considerato questi movimenti e li ha rappresentati per iscritto attraverso le sue formule matematiche. Ma con queste formule, egli dedusse, ad esempio, la legge dell'attrazione gravitazionale universale, che era esattamente ciò che Galileo ascoltava in modo uditivo, quando rotolava le sfere lungo una rampa inclinata. E per scoprire come nasce la forza di gravità, si cerca un altro bosone di nome gravitone.

Ma poi Albert Einstein andò oltre, e studiò il fenomeno della luce, perché era ciò che per lui era visibile e tangibile. Ed è per questo motivo che Albert Einstein, riferendosi a Newton, gli dice: "Perdonatemi Newton, ma quello che deducete non si realizza per i fotoni che formano le particelle di luce". Poi Stephen Hawking sorse e si riferì alle particelle elementari, e disse: "Perdonatemi Einstein, ma quello che spiegate per la luce, non si realizza per le particelle elementari".

Ma un altro errore di Hawking, è che non poteva immaginare, che ci sono particelle più piccole degli elementali, e che abbiamo dovuto chiamarle in un altro modo, cioè almatrinos. E quelle particelle si muovevano con una velocità così elevata che all'inizio tendeva ad avere un valore infinito. Quindi possiamo dire che questa è la velocità assoluta di una particella elementare. E che oltre a creare l'Universo, gli almatrino si sono formati e continueranno a formare tutta la massa e l'energia dell'Universo. O anche la luce stessa, perché entrando in movimento, queste particelle hanno creato quelle che James Clerk Maxwell ha definito radiazioni elettromagnetiche. Ma Paul Adrien Maurice Dirac riteneva che si trattasse di un errore di Maxwell, perché non includeva nelle sue equazioni il monopolo magnetico.

Ma questo non era né un fatto filosofico né matematico, perché la formazione della massa è un fatto reale, perché è ciò che esiste ed è stato dimostrato sperimentalmente nel 1914. Solo che questo fenomeno fu dimenticato, perché fu Albert Einstein a seppellirlo insieme al suo errore, che nulla poteva muoversi più velocemente della luce. Ma con le nuove tecniche, si può dimostrare solo per estrapolazione matematica, che le particelle creano massa, ma che il rapporto V/C va anche verso l'infinito, come si vede nella figura 5; e questo è ciò che ha creato la massa dell'Universo.

E diciamo per estrapolazione della rappresentazione matematica, perché prima del valore V/C=0.5 di Figura 5, la funzione è una linea retta con una bassa pendenza, il che significa che V=0.5C o che V=C/2. E questo, ciò che significa, è che una particella che si muove con una velocità di 150 chilometri al secondo, comincia a creare massa, ma questa massa è molto piccola. Poi, quando la velocità raggiunge il valore di 0.8, il rapporto m/me fa m=me*∞. Oppure che la massa acquisita dalla particella diventa rapidamente grande rispetto alle dimensioni di uno spazio elementare. E così si è creata la massa dell'Universo, da un punto freddo e le particelle che hanno

cominciato a muoversi più velocemente della luce. È un fenomeno che ora possiamo integrare matematicamente nell'intervallo (-∞,+∞,+∞).

Ma tutta questa deduzione è una conseguenza, o si basa su
dati matematici che potrebbero essere catturati in forma gra-
fica come mostrato nella Figura 5 del 1914.

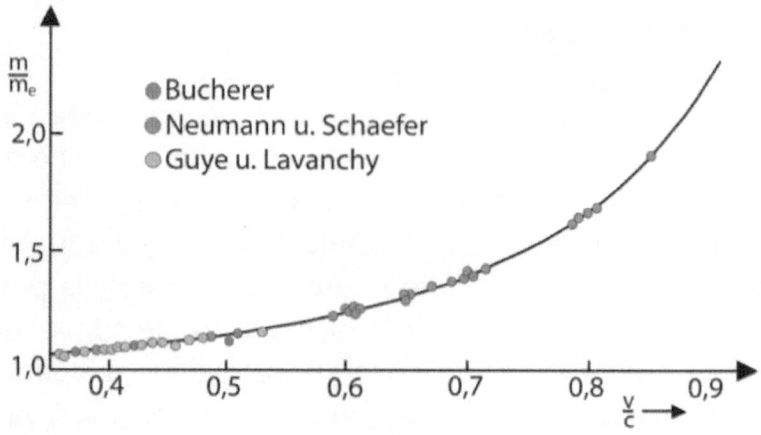

FIGURA 5
LA MASSA CHE UNA PARTICELLA GUADAGNA QUANDO È
IN MOVIMENTO

Ed è proprio così, che oltre a spiegare come si è formato l'U-
niverso, possiamo anche andare avanti nella timeline, usando
l'esempio dei tre personaggi fittizi di Galileo Galilei e il flash
del cannone, quando mettiamo il cannone di Galileo ad una
distanza di 4,7 miliardi di chilometri. E quando viaggeremo a
quell'alta velocità, saremo in grado di vedere gli eventi in
tempo reale; ma qualcuno che è a velocità zero, per esempio
chi è montato sulla Terra, vedrà quegli eventi relativi in modo
che, come se quegli eventi accadessero in futuro, ma che gli
stessi sono eventi del passato per qualcuno al di fuori della
Terra per poter viaggiare più velocemente della luce.

Oppure prendere un ricevitore di baseball, per esempio, che sta ricevendo i tiri che un lanciatore sta inviando con una palla che va bene nei catcher a 150 chilometri all'ora, cioè a circa 40 metri al secondo. I catchers potranno vedere che l'evento del lancio avviene molto velocemente, mentre noi, se riusciamo a cavalcare la palla, noteremo che il tempo non è trascorso, perché la nostra velocità è pari a zero rispetto al movimento della palla. Anche se ci stiamo muovendo con la palla a 150 chilometri all'ora.

E ora possiamo dire che la velocità massima alla quale una particella può muoversi è in realtà un valore assoluto, che è matematicamente pari a 27.000.000.000.000.000 di chilometri al secondo. E quando una particella si muove con questa velocità, sarà totalmente difficile da rilevare. Ma dovremo cercare nuovi modelli matematici che possano descrivere o incarnare la descrizione di questi fenomeni cosmologici.

Perché anche se si disintegra un magnete o la massa m_0 tutte le volte che si può pensare, non potrà mai essere zero nell'equazione, ma sarà sempre più piccolo dello zero degli zeri. Oppure non sarete in grado di localizzare la linea che segnate sulla vostra faccia, dove inizia e dove finisce la parte sinistra e la parte destra. E in questo modo, la massa m_0 può continuare ad apparire in modo successivo, come la massa m_0 all'interno della massa di un altro zero ($0/0=0$), e così interminabilmente o indefinitamente verso il valore (se così si può chiamare) meno infinito ($-\infty$), perché il limite del più piccolo può ora essere immaginato da noi sia in forma fisica che matematica modellata. La stessa situazione si verifica con lo spazio, che ora sarà il luogo più piccolo che può stare nella nostra mente.

E quella capacità di immaginare le cose più piccole, è ciò che ci fa pensare, che proveniamo davvero da un Micro Mondo.

Ma in pratica non significa che il fenomeno fisico non esiste, o che deve scomparire obbligatoriamente, perché matematicamente la sua natura non può essere spiegata. Ma ciò che è vero è che l'energia e la massa dell'Universo esistono, e continueranno ad esistere, finché l'Universo rimane in movimento. Ma qualcosa di immenso come l'Universo, nulla sarà in grado di fermarlo, e non saremo in grado di fare assolutamente nulla per fermare questo movimento. In tal modo, che solo quello che ci è rimasto è di poter vivere rallegrandoci del fatto che apparteniamo all'Universo, e che tutti gli esseri viventi hanno lo stesso diritto di vivere nell'Universo, ma questa non è un'esclusività degli esseri umani, quando credono che qualcuno glielo conceda, e che per esempio gli animali e le piante non hanno gli stessi privilegi.

6

CHE ESTENDE LA TEORIA DEL BIG BANG

E' attraverso il concetto di numeri virtuali che possiamo immaginare quali fossero le dimensioni dello spazio prima del tempo zero, dato che qualcosa di troppo piccolo ha cominciato a formarsi, per potergli assegnare alcune dimensioni, o sarebbe l'equivalente della dimensione zero. Ma poi il sistema ha cominciato a muoversi, fino a raggiungere il tempo zero, cioè il momento in cui sono state fatte abbastanza interazioni. E quando quel piccolo sistema ha raggiunto quel punto zero, è da qui che possiamo iniziare a contare il tempo di un nuovo Big Bang, che possiamo estendere fino a un tempo prima dello zero. Perché fu in quell'istante, che si produceva la forza energetica critica, che fece sì che il piccolo sistema non supportasse più le alte energie generate rispetto al piccolo spazio, perché queste forze si accumulavano prima della formazione dell'Universo.

Diciamo che si trattava di energie elevate, perché corrispondevano alle dimensioni di quel punto, ma anche se il calore era infinito rispetto a quel piccolo punto, se avvenisse per esempio nella punta del nostro indice, sicuramente non ci accorgeremmo che c'era qualcosa di caldo lì. Ma è così che si sono create le condizioni perché l'Universo cominciasse a formarsi da quel luogo nel tempo iniziale. E questo è accaduto gradualmente ma non improvvisamente o spontaneamente dal tempo zero; oppure è da lì che possiamo iniziare a contare il tempo zero del Big Bang. E ovviamente, che la grande maggioranza degli scienziati vuole spiegare il fenomeno solo con una formula matematica, e in questo caso il rapporto tra la massa e il suo volume è la densità, cioè $V=m/\rho$.

E l'unico modo per spiegare da dove ha avuto origine questa massa è quello di assumere erroneamente che la densità ρ era molto grande in quel momento, perché in quel piccolissimo volume era concentrata tutta la massa dell'Universo. Perché è grazie all'errore di Albert Einstein che gli scienziati hanno commesso un altro errore, quando non si sono accorti che la massa m è in realtà formata dal movimento delle particelle. Ma prima di quel momento critico, nel tempo zero, in realtà le particelle non avevano massa, e si è formata una sola particella di un unico polo magnetico che abbiamo dovuto chiamare al-matrino, perché lo spazio per alloggiare quella particella non aveva volume; motivo per cui non poteva esistere nemmeno la densità.

E per quanto riguarda l'alta temperatura, beh, abbiamo già spiegato che il Big Bang così com'è, inoltre, non spiega dove il calore che ha riscaldato questo punto in un tempo che non è zero ma 1×10^{-35} secondi, che è il valore minimo che può essere assegnato come tempo di Planck. Ma, allo stesso tempo, dovremmo formulare un altro concetto di tempo, per descrivere l'intervallo tra l'intervallo meno infinito e il punto zero, cioè $(-\infty, 0)$. Anche se questo concetto di tempo dovrebbe essere definito piuttosto come un momento eterno, perché non cambia ed esiste ancora, fintanto che l'Universo esiste.

Ma anche se questo modello può effettivamente offrire una spiegazione, così come l'abbondanza degli elementi, il Big Bang ci ha lasciato una traccia, così come lo sfondo cosmico a microonde, e anche la legge che Edwin Hubble ha scoperto. Ma se queste condizioni osservate fossero estrapolate indietro nel tempo, cioè utilizzando solo le leggi fisiche conosciute, la previsione ci direbbe che poco prima di un periodo di altissima densità ed alta temperatura, in questo modo non saremo in grado di spiegare o capire, con questo stesso modello, come queste condizioni sono state realmente raggiunte. E la discrepanza di questa sequenza di eventi e previsioni, è stata catalogata come "una delle peggiori previsioni che si sono verificate in tutta la storia della fisica".

Così, quando si credeva che l'Universo fosse statico, questo è accaduto per molto tempo, perché non esisteva una formula per descrivere questo evento in nessun altro modo. Era simile all'immaginario di guida montato sulla palla lanciata dal lanciatore di baseball, dove abbiamo la sensazione che la palla sia immobile, anche se ci muoviamo con essa con una velocità di 40 metri per ogni secondo passato. E questo è stato pensato per essere così, fino a quando Edwin Powell Hubble, è stato in grado di guardare fuori dalla palla, e ha individuato un punto di riferimento, e si è reso conto che le galassie si stanno allontanando da noi, che sono cavalcati sulla Terra.

E così Hubble osservò che le linee dello spettro elettromagnetico che vediamo in Figura 1, è verso il rosso, in quella stretta gamma che corrisponde alla parte visibile di quell'immenso spettro. Perché Edwin Hubble dedusse che se le galassie si avvicinassero a noi, tale spostamento sarebbe verso una zona visibile ma quella che corrisponde al colore blu. Ma in realtà non saremo in grado di vedere assolutamente nulla al di sotto o al di sopra di questa stretta gamma visibile.

Per vedere o captare onde elettromagnetiche al di sotto o al di sopra di quella portata visibile alla retina dell'occhio umano, dovremmo usare l'attrezzatura giusta: per esempio, un dispositivo che capta onde a bassissima frequenza, come un ricevitore che intercetta le onde inviate da una sorgente di onde radio; o un dispositivo televisivo che vede le immagini che non saremo in grado di vedere. Oppure un dispositivo che usiamo come WIFI, lenti scure per attenuare le radiazioni ultraviolette del Sole, ecc. Ma non potremmo essere molto vicini, quando si verifica l'esplosione di una bomba atomica, perché queste radiazioni hanno così tanta energia che possono passare attraverso le cellule, e possono danneggiare il DNA, perché questa gamma è energia molto alta corrispondente alla radiazione ionizzante delle onde gamma. Tuttavia, quello che non saremo in grado di dire è che non ci sono radiazioni con un'energia maggiore della gamma, perché non abbiamo ancora un sistema per essere in grado di rilevare quelle radiazioni. Perché in realtà queste onde hanno un'energia troppo alta, e sarebbero simili alle onde o radiazioni che si sono formate all'inizio dell'Universo.

Ma alla fine, è stato grazie a quell'attenta osservazione di Hubble che ha aperto la mente fantasiosa degli scienziati. E forse il più interessato, come detto, era un religioso, il sacerdote Georges Lemaitre, il quale, sulla base dell'osservazione di Edwin Hubble, ha sottolineato che se l'Universo è veramente in piena crescita, ci sarebbe stato necessariamente un punto, da cui tutto questo evento di crescita dell'Universo ha avuto origine.

Fino al 1964 è stata scoperta l'impronta, cioè la radiazione cosmica di fondo a microonde, che era una prova inconfutabile prevista dal modello del Big Bang a caldo. Poiché questa teoria considera l'esistenza di radiazioni di fondo in tutto l'Universo, molto prima che tali radiazioni venissero scoperte. Il problema è come è stato detto, come, come, o da dove ha avuto origine questo calore? O anche che la scoperta dell'accelerazione cosmica nel 1998, continua con l'interesse di trovare in qualche modo la costante cosmologica.

Ma speriamo solo che con la nostra teoria della gestazione dell'Universo, la zattera agitata e carica di scienziati, filosofi e religiosi, entri definitivamente in un mare di calma, affinché l'umanità dia più valore alla sua esistenza, e all'esistenza di tutti gli altri esseri che abitano la Terra. Perché, assolutamente, abbiamo tutti lo stesso diritto di vivere, perché, assolutamente, nasciamo tutti dalla stessa energia che ha formato l'Universo; cioè, dovremmo godere tutti del modo di vivere che ci corrisponde, ma senza la necessità di essere molestati o molestati a vicenda, o che continuiamo ad uccidere i nostri fratelli e sorelle animali per nutrirci della carne del loro corpo, perché questo non è necessario, ed è contrario a qualsiasi legge di origine naturale.

Ma forse un giorno, e con la fiaccola di questa conoscenza, saremo in grado di illuminare le tenebre in cui è racchiusa l'umanità, affinché questa forma di vita incarnata esca dalla sua fase tenebrosa, così come l'Universo è uscito dalle tenebre, quando la luce ha cominciato a formarsi. E che questa possa essere solo una fase attraverso la quale l'umanità dovrebbe passare, affinché, come ha detto Stephen Hawking, l'umanità possa portare la fiaccola della conoscenza al più alto livello, ed entrare così in una nuova fase della coscienza, che è una questione necessaria per la sua esistenza, e per l'esistenza di tutti gli esseri viventi.

Tuttavia, tornando all'analisi del Big Bang, questa teoria non era compiacente per i grandi cosmologi, il che fu senza dubbio un altro grande errore, perché molti di loro ragionavano che per il fatto di aver iniziato o di avere un'origine, invece di essere stazionari, la teoria del Big Bang avrebbe dovuto incorporare questi aspetti religiosi nella scienza. Perché qualcuno doveva intervenire per iniziare quella crescita. Ma forse è stata solo una coincidenza, perché questa era la realtà che alimentava maggiormente i dubbi dei cosmologi che ancora remano sulla stessa zattera. Dal momento che nella turbolenza, cercare di separare il pensiero scientifico di un fenomeno reale, ma che logicamente passa per i due versanti della filosofia,

come è la scienza e la religione. E uno si nutre di prove sperimentali, mentre l'altro si basa solo su un'idea filosofica. E l'idea
filosofica dovrà scomparire insieme alla sua dottrina della filosofia. Ma il problema è che tutto questo fa parte del pensiero umano quando cerca di indagare per elaborare una spiegazione. Quindi non saremo in grado di separare queste
forme di pensiero, solo per il fatto che qualcuno ha preso per
la spiegazione dello stesso fenomeno, in un modo diverso.
Perché Hubble, per esempio, era uno sportivo eccezionale, e
apparentemente suo padre era religioso e voleva che anche
suo figlio Edwin fosse un reverendo. Mentre è dimostrato che
il creatore della teoria del Big Bang, Georges Lemaitre era un
sacerdote cattolico. E i cosmologi sono solo cosmologi, ma
quello che non possiamo dubitare è che navighiamo tutti
all'interno della stessa zattera.

E possiamo comunque cambiare la filosofia del pensiero, ma
l'origine del fenomeno e la sua logica è l'unica cosa che non
potremo cambiare, e non importa se siamo scientifici o religiosi. Ma l'esempio è che, pur essendo un religioso, pensò Lemaitre, in modo ben ragionato:

"Se il mondo è iniziato con un solo quantum, allora le nozioni
di spazio e tempo non avrebbero alcun motivo all'inizio; e co-
minceranno ad avere un significato solo quando il quantum
originale sarebbe stato diviso in un numero sufficiente di
quanti. E se questo suggerimento è corretto, l'inizio del
mondo è avvenuto poco prima dell'inizio dello spazio e del
tempo".

Ma questo sorprendente apprezzamento di Georges Lemaitre
è corretto, ma è stato senza dubbio ciò che ci ha portato a
spiegare come era l'Universo prima del tempo zero. Solo che

l'Universo, come abbiamo dimostrato, non poteva partire dal momento zero, in un punto ad alta densità, ma anche estremamente caldo, perché questo presuppone l'esistenza di un'energia prima dell'evento. Quindi, questo non spiegherebbe l'esistenza di energia e massa oscura, che è uno degli errori che dobbiamo affrontare se seguiamo la teoria del Big Bang. E la nostra teoria di come ha cominciato a formarsi nell'universo dal nulla acquisisce più forza. Ma se è successo in qualsiasi altro modo, che tutti menzionino la loro logica, perché la logica di Tolomeo è stata viva per più di 1500 anni.

Anche se tutto ciò fa parte della capacità di ragionamento dell'essere umano, indipendentemente dalla linea che ha scelto come suo lavoro per raggiungere il proprio ragionamento. Ma ciò di cui abbiamo bisogno d'ora in poi, poiché la crescita dell'Universo è appena iniziata, è che un cambiamento nella coscienza dell'essere umano è necessario o deve avvenire. O se la gestazione dell'Universo ha richiesto 0,75 miliardi di anni, cioè 9 mesi cosmici, l'Universo è solo un adolescente di 13,8 miliardi di anni. Il che significa che avremmo ancora molta strada da percorrere per imparare a vivere senza commettere gli stessi errori dell'esistenza. Ma è necessario e urgente elevare la coscienza dell'essere umano, affinché l'umanità possa correggere il suo comportamento nel tempo, prima che l'umanità si distrugga inevitabilmente. Infatti, se la zattera fosse fatta di legno, l'umanità sta divorando la propria zattera come se fosse uno sciame di termiti.

E con l'emergere di una nuova quantità di calore Q, diventerà sempre più grande, ma questa enorme quantità di calore generato si trasformerà in una maggiore quantità di massa, secondo l'equazione che ha definito la teoria della relatività: $m = m_0 + Q/C^2$, o $Q = \Delta m C^2$. O nella stessa misura, o ogni volta che si forma una nuova quantità di energia, secondo il professore russo Andrei Linde, ogni volta che appare una nuova quantità di calore, si formerà una nuova quantità di massa, e appariranno nuove galassie; e questo è l'unico modo, che la quantità di calore generato, si placa da quell'enorme quantità di energia, quando si condensa in forma di massa. Perché la massa condensata può immagazzinare un'enorme quantità di energia. Oppure prendiamo l'esempio di una bomba atomica, o benzina che non è altro che energia liquida che possiamo portare nel serbatoio del nostro veicolo, per coprire una grande distanza, e così via.

Quindi, con la nostra analisi delle almatrine, possiamo capire perché la crescita dell'Universo avviene in modo accelerato. Ma spiega anche l'altra osservazione di Hubble, con la quale si rese conto che le galassie si sono effettivamente formate dalle nuvole sotto forma di polvere cosmica.

E con una nuova teoria adattata dal Big Bang, che può ora offrirci una spiegazione più ampia di una serie di fenomeni osservati, compresa l'abbondanza di elementi di luce come l'idrogeno e l'elio o il litio, e forse più importante, la teoria del Big Bang si basa sul modello di Albert Einstein della teoria della relatività generale. Ma ci aiuterà a spianare la strada ad altre teorie presunte, come l'omogeneità e l'isotropia dello spazio o la deformazione dello spazio-tempo, perché il tempo non esiste. Ma le equazioni matematiche che spiegano o timbrano queste osservazioni sono state formulate dal fisico e matematico russo Alexander Friedmann, quindi un altro deve apparire come Friedmann che formula matematicamente le nuove teorie.

E tra il 1968 e il 1970, Roger Penrose, Stephen Hawking e George F. R. Ellis, pubblicarono opere in cui dimostrarono che le singolarità matematiche erano una condizione iniziale inevitabile dei modelli relativistici generali del Big Bang. E poi, dagli anni Settanta agli anni Novanta, i cosmologi hanno lavorato per caratterizzare l'universo del Big Bang e risolvere i problemi in sospeso.

Nel 1981, Alan Guth fece un altro passo avanti nel lavoro teorico sulla risoluzione di alcuni problemi legati alla teoria del Big Bang, introducendo un periodo di rapida espansione nell'universo iniziale, che egli chiamò "inflazione". Nel frattempo, che durante questi decenni, ci sono due questioni nella formulazione della cosmologia che hanno generato discussioni e disaccordo, come quella sui valori precisi della Costante di Hubble e la densità della materia nell'Universo, prima della scoperta dell'energia oscura, che era considerata come una previsione chiave per il destino finale dell'Universo.

E dalla fine degli anni '90, altri percorsi significativi nella cosmologia del Big Bang sono stati sgomberati, grazie ai progressi della nuova tecnologia dei telescopi, così come l'analisi accurata dei dati provenienti dai satelliti di osservazione. E i cosmologi hanno ora misurazioni abbastanza affidabili e accurate dei parametri per analizzare il modello Big Bang.

Eppure, nonostante questo, nel novembre 2019, Jim Peebles, premio Nobel per la Fisica 2019 per le sue scoperte teoriche in cosmologia fisica, nella sua presentazione dei premi, ha sottolineato che non ha sostenuto la teoria del Big Bang, a causa della mancanza di prove concrete di supporti, e quindi Peebles ha dichiarato che:

"....è molto spiacevole che si pensi ad un inizio, mentre in realtà, non abbiamo una buona teoria di qualcosa come l'inizio".

Ma questo è un errore di Jim Peebles, perché abbiamo già dimostrato com'era quel principio, e l'unica cosa che sarebbe mancata sarebbe che i fisici teorici delle nuove generazioni si dedicassero a tradurre tutto ciò che è stato detto in un'unica equazione per espandere il nuovo Big Bang. Perché forse, per spiegare questo, dobbiamo ricorrere ad un nuovo modello matematico, in cui la realtà del fenomeno, di come si è formato l'Universo, viene adattata in modo più preciso. Perché è importante sapere come i terrestri, da dove veniamo e dove andiamo, per vedere se possiamo imparare a vivere come esseri umani; cioè, senza guerre tra fratelli e tra esseri umani; ma anche per sapere come valorizzare allo stesso modo i nostri fratelli gli animali, o gli altri fratelli che sono vivi ma non possono camminare, come gli alberi, perché sono necessari per formare la foresta che dà loro ombra, e sotto la quale vivono altri animali, ma in più, gli alberi sono alimentati con acqua non contaminata. Ma sono gli alberi, quelli che rivestono la Terra, con il verde della veste più bella che può esistere in questo immenso Universo.

SULL'AUTORE

Laureato alla Scuola di Chimica, Facoltà di Scienze dell'Università Centrale del Venezuela, con una laurea in Tecnologia Chimica. Studi post-laurea in Scienze e Tecnologie Alimentari. Lavoro speciale sulla chimica dei prodotti naturali e sulla chimica delle malattie. Progettista di processi chimici. Libri: "La chimica del cancro". "La chimica del diabete". "L'infarto". "Il morbo di Alzheimer". "La chimica dell'artrite". "La chimica del pensiero. "La chimica dello spirito". "Come si è formato l'Universo. "I spensalisti". "Perché non dovresti mangiare carne. "Il micro mondo. "Dio esiste davvero? "Obiezione alla relatività di Albert Einstein. "Indovinando il futuro", "L'universo prima del tempo zero" ...